U0794387

果蔬贮藏与加工实验指导

主　编　莫言玲　谭　飏

副主编　王丽霞　杜丽娜　曾　静

参　编　张文林　秦晓晓　杨瑞平
　　　　刘长命　张瑞敏

西南交通大学出版社

·成　都·

内容简介

本书为高等学校教材。主要包括 5 章，第 1 章果蔬品质分析实验，第 2 章果蔬采后贮藏生理实验，第 3 章果蔬加工工艺实验，第 4 章长江上游特色果蔬系列产品加工实验，第 5 章果蔬贮藏与加工综合实验。在我国“四新”建设大背景下，本书编撰立足适应乡村振兴产业发展需要及新时代农林人才培养需要，强调应用性、综合性与前沿性，紧密联系生产实际，注重参考本领域的新技术和新实验方法，同时结合编者在教学和科研工作中的积累，在介绍传统经典实验方法的基础上，改进并增加了一些新的实验方法。为了突出地方特色，本书还特别介绍了长江上游一些重要果蔬如榨菜、龙眼等系列产品的加工实验方法。

本书可满足高等院校食品、园艺等相关专业师生实验实践教学的需要，同时，也可作为果蔬贮藏与加工行业从业人员的参考资料。

图书在版编目（CIP）数据

果蔬贮藏与加工实验指导 / 莫言玲，谭飕主编. -- 成都：西南交通大学出版社，2023.11

ISBN 978-7-5643-9581-0

Ⅰ. ①果… Ⅱ. ①莫… ②谭… Ⅲ. ①水果－食品贮藏－实验②蔬菜－食品贮藏－实验③水果加工－实验④蔬菜加工－实验 Ⅳ. ①TS255.3-33

中国国家版本馆 CIP 数据核字（2023）第 215672 号

Guoshu Zhucang yu Jiagong Shiyan Zhidao

果蔬贮藏与加工实验指导

主编 莫言玲 谭 飕

责任编辑 牛 君
封面设计 墨创文化

出版发行 西南交通大学出版社
（四川省成都市金牛区二环路北一段 111 号
西南交通大学创新大厦 21 楼）
邮政编码 610031
营销部电话 028-87600564 028-87600533
网址 http://www.xnjdcbs.com
印刷 四川森林印务有限责任公司

成品尺寸 185 mm × 260 mm
印张 10.75
字数 267 千
版次 2023 年 11 月第 1 版
印次 2023 年 11 月第 1 次
定价 29.80 元
书号 ISBN 978-7-5643-9581-0

课件咨询电话：028-81435775

图书如有印装质量问题 本社负责退换
版权所有 盗版必究 举报电话：028-87600562

前 言

果蔬贮藏与加工是我国农业、食品工业的重要组成部分，也是我国农村经济发展的重要支柱产业，是促进农民增收、助力乡村振兴的强有力抓手。在大多数高等院校课程设置中，“果蔬贮藏加工学”是食品、园艺等相关专业的必修课程。为满足相关专业在果蔬贮藏加工学实验实践教学方面的需要，在我国“四新”建设大背景下，以及长江师范学院食品科学与工程国家一流专业建设支持下，编撰了本教材。

本教材以实用性、综合性、前沿性为指导思想，根据果蔬贮藏加工学的课程特点，在借鉴同类教材优点基础之上，注重参考本领域的新技术和新实验方法，同时结合编者多年教学和科研实践积累，反复斟酌编写而成。内容设置上既有果蔬品质分析、果蔬采后贮藏生理与果蔬加工工艺方面的基本实验操作介绍，也有果蔬贮藏与加工综合实验的安排，并适当融入地方特色果蔬系列产品加工工艺的介绍，由浅入深，逐渐系统化，以期为读者提供具体而系统化的指导。

本教材可供高等院校食品、园艺等相关专业的师生教学使用，也可作为果蔬贮藏与加工行业相关从业人员的参考用书。

本教材编写过程中，得到长江师范学院食品科学与工程专业高晓旭教授的指导和大力支持，园艺专业的杜丽娜、王丽霞老师对本书的编写提出了很好的建议，在此向他们表示真诚的谢意。受篇幅限制，本教材所参考的文献资料未能一一列出，在此，我们对相关作者致以诚挚的歉意和衷心的感谢。

由于编者水平有限，书中疏漏与不妥之处在所难免，敬请各位同行、专家、读者批评指正。

编　者

2023 年 8 月

目 录

第一章　果蔬品质分析实验

实验一　一般物理性状的测定

一、实验目的

（1）了解果蔬一般物理性状的组成及测定意义。
（2）掌握果蔬质量、形状、可食率等一般物理性状的测定分析方法。

二、基本原理

果蔬的一般物理性状包括果蔬的质量、形状、大小、色泽、可食率等，是识别果蔬种类和品种特性的基础。果蔬物理性状的测定是指用一些物理的测定方法来表示果蔬的物理性状。果蔬在成熟、采收、贮运及加工期间，其组织内部会发生一系列复杂的生理生化变化，进而导致物理特性发生变化。因此，测定果蔬的物理性状，不仅可识别果蔬种类和品种特性，还有助于确定果蔬的采收成熟度，了解果蔬在贮运及加工过程期间发生的生理变化和品质变化，以正确指导果蔬的贮藏实践和确定果蔬的加工适用性能。

三、材料及器具

1. 材　料

苹果、橙子、番茄、青菜头等果蔬产品。

2. 器　具

游标卡尺、天平、果蔬筐、量筒、水果刀、切物板、榨汁机等。

四、步骤与方法

1. 果/菜形指数测定

取果实 3 个，用游标卡尺测量果实最大处的纵径（cm）和横径（cm），求果/菜形指数，也即纵径/横径，了解果实的形状和大小。

2. 果实质量测定

取果实 3 个，分别放天平上称重①，记载单果质量，求平均果实质量（g）。

3. 果蔬体积质量测定

果蔬体积质量指的是正常装载条件下单位体积空间所能容纳的果蔬质量，其与果蔬的包

注：① 实为质量，包括后文的恒重、重量等。因现阶段我国农林、食品等行业的生产和科研实践中一直沿用，为使读者了解、熟悉行业实际情况，本书予以保留。——编者注

装、贮藏和运输密切相关，单位为 kg/m^3 或 t/m^3。用一定体积的果蔬筐装载果蔬，装满后取出称取质量（kg），根据果蔬筐的体积计算该果蔬的体积质量，重复 3 次求平均果蔬体积质量。

4. 果实密度测定

果实密度是衡量果实质量和成熟度的重要指标之一。取果实 3 个，先用天平称取果实的质量（g），再用排水法测出果实的体积（cm^3），计算果实密度（g/cm^3），求平均值。

5. 观察记载果蔬色泽、机械损伤度等表面性状

取 10 个果蔬进行总体观察，记载果蔬的底色和面色（若面色和底色区分度不明显则记录单一颜色）。果实的底色可分为深绿、绿、浅绿、绿黄、浅黄、黄、乳白等，也可用特制的比色卡（如香蕉色卡）进行比较，分成若干等级。面色可分为红、黄、蓝、绿、紫、白等，因果实种类不同而显色不同。记载果蔬外表的颜色种类、深浅程度以及着色面积占果实表面积的百分率（%）。

取 10 个果蔬分别进行观察，记载果蔬外观机械损伤度。将果蔬的损伤程度分为 5 级，1 级：损伤面积小于等于总面积的 5%；2 级：损伤面积大于总面积的 5%但小于等于 20%；3 级：损伤面积大于总面积的 20%但小于等于 50%；4 级：损伤面积大于总面积的 50%但小于等于 80%；5 级：损伤面积大于等于总面积的 80%。根据公式计算该果蔬的整体损伤程度：

$$整体损伤程度=(1\times S_1+2\times S_2+3\times S_3+4\times S_4+5\times S_5)/总果蔬数（10个）$$

式中 S——相应级别的果蔬数，个。

6. 可食率测定

取果实 3 个，称取质量后，去除果皮、果核或种子等不可食用部分，再称取剩余可食部分的质量，计算可食部分占总果实的百分率（%），求平均可食率。

7. 出汁率测定

汁液多的果实还可进一步分析果实的出汁率。取果实 3 个，称取质量后，将果肉用榨汁机榨成果汁，称取果汁质量，计算果实的出汁率（%），求平均值。

五、结果分析

绘制表格，记录两种以上果蔬的一般物理性状，并进行简要分析。

六、注意事项

为了减小误差，实验可多设置几次生物学重复。

七、思考题

果蔬的哪些物理性状可以用于判断果蔬的成熟度？

实验二　水分含量的测定

一、实验目的

（1）了解测定果蔬组织水分含量的意义。

（2）掌握果蔬组织水分含量的测定方法。

二、基本原理

含水量是表示果蔬组织水分状况的一个常用指标，对于果蔬而言，含水量的多少也影响着其品质。果蔬中的水分含量大多在80%以上，某些种类和品种在90%左右甚至更高。果蔬中水分存在形式有两种，一种是游离水，占总含水量的70%～80%，在果蔬贮藏及加工过程中极易失去；另一种是束缚水，与蛋白质和多糖等结合在一起，极难分离。水分损失会造成果蔬萎蔫，降低果蔬脆度，严重时还会引起色泽和风味发生不良变化，使产品失去商业价值。因此，测定果蔬组织含水量具有重要的实践意义。

在测定果蔬水分含量时，可采用常压干燥法、减压干燥法或蒸馏法，其中常压干燥法用得最多。常压干燥法是将样品放在100～105 °C干燥箱中直接干燥至恒重，根据损失的物质总量计算出样品中水分的含量。减压干燥法是指样品在一定的温度和压力情况下，根据所失去的物质的总量计算出样品中水分的含量。减压后，水的沸点降低，能够在较低温度下使水分蒸发干净，因此减压干燥法较适用于含糖量高的果蔬，能够防止糖在高温下脱水炭化造成较大实验误差。

三、材料及器具

1. 材　料

苹果、梨、菠菜、青椒等果蔬产品。

2. 器　具

有盖铝制或玻璃制称量皿、电子天平、鼓风干燥箱、真空干燥箱、干燥器等。

四、步骤与方法

1. 常压干燥法

（1）取洁净铝制或玻璃制称量皿，置于100～105 °C干燥箱中，打开盖子，烘烤30 min，取出盖好，置于干燥器内冷却至室温（约需 30 min），称量，并重复干燥至恒重（两次称重之差小于1 mg），记为W_1。

（2）称取2~10 g切碎或磨细的果蔬样品，平铺放入上述称量皿中，样品厚度约5 mm，加盖，准确称量，记为W_2。

（3）将含样品的称量皿置于100~105 °C干燥箱中，打开盖子放在称量皿旁边或底部，干燥 3～4 h 后，盖好取出，置于干燥器内冷却至常温，称量。再用同样的方法干燥 1 h 左右，再次称量。直至前后两次重量差小于 2 mg 为止，记为 W_3。

2. 减压干燥法

（1）同上述常压干燥法一致，将称量皿干燥至恒重，记为 W_1。

（2）将切碎或磨细的新鲜果蔬样品 2～5 g 平铺放入称量皿中，加盖，准确称量记为 W_2。

（3）将含有样品的称量皿转移到提前预热至约 80 °C 的真空干燥箱中，将干燥箱连接水泵，抽气减压至所需压力（80 kPa），同时加热至所需温度 70 °C，关闭通水泵或真空泵上的活塞，停止抽气，使干燥箱内保持一定温度和压力，经过一定时间（约 5 h）后，打开活塞，使空气经干燥装置缓缓通入干燥箱内，待压力恢复正常后再打开。取出称量皿，放入干燥器冷却至常温后称量。重复以上操作直至恒量，记为 W_3。

五、结果分析

$$\text{果蔬组织水分含量}(\%)=\frac{W_2-W_3}{W_2-W_1}\times 100$$

式中 W_1——称量皿的质量，g；

W_2——称量皿和样品的质量，g；

W_3——称量皿和干燥后的样品质量，g。

六、注意事项

（1）常压干燥法所用设备及操作较为简单，但时间较长，不适用于高糖的果蔬及其制品。

（2）减压干燥法适用于含糖量较高的果蔬及其制品，可以防止糖在高温下炭化。

（3）对于含水量高的果蔬样品，使用减压干燥法时要先放在常压、70 °C 左右的通风式恒温干燥箱内预干燥 2～3 h，并随时搅拌，然后再移至真空干燥箱内。

（4）两次平行测定结果的允许误差为 0.2%（风干样）和 0.5%（新鲜样）。

七、思考题

使用常压干燥法或减压干燥法测量果蔬含水量时，果蔬失去的是何种形式的水？

实验三　叶绿素含量的测定

一、实验目的

（1）了解果蔬中叶绿素含量的变化与果蔬成熟度和新鲜度变化的关系。

（2）掌握果蔬中叶绿素含量的测定原理和方法。

二、基本原理

叶绿素是植物进行光合作用的重要色素物质，也是鲜活绿色果蔬的代表色素。正常生长发育的果蔬中，叶绿素的合成量大于分解量，而随着果蔬成熟衰老，合成过程逐渐停止，叶绿素在酶的作用下不断水解生成叶绿醇和叶绿酸盐等可溶于水的物质，并伴随光氧化的破坏使得原有叶绿素含量不断减少，绿色逐步消退，其他种类的色素如类胡萝卜素、花青素的颜色得以呈现，果蔬显现为其他颜色。因此，果蔬叶绿素含量的变化与果蔬成熟度和新鲜度的变化密切相关。

叶绿素主要有叶绿素 a 和叶绿素 b 两种类型。叶绿素 a 和叶绿素 b 的 80%丙酮提取液在红光区的最大吸收峰分别为 663 nm 和 645 nm，在波长 663 nm 处，叶绿素 a、b 在该溶液中的吸光系数分别为 82.04 和 9.27，在波长 645 nm 处则分别为 16.75 和 45.60。根据加和性原则，可列出如下关系式：

$$A_{663} = 82.04C_{\mathrm{a}} + 9.27C_{\mathrm{b}} \tag{1-1}$$

$$A_{645} = 16.75C_{\mathrm{a}} + 45.60C_{\mathrm{b}} \tag{1-2}$$

式中　A_{663}，A_{645}——叶绿素溶液在波长 663 nm 和 645 nm 时的吸光度；

C_{a}，C_{b}——叶绿素 a 和 b 的浓度，mg/L。

解方程组得：

$$C_{\mathrm{a}} = 12.72A_{663} - 2.59A_{645} \tag{1-3}$$

$$C_{\mathrm{b}} = 22.88A_{645} - 4.67A_{663} \tag{1-4}$$

将 C_{a} 和 C_{b} 相加即得叶绿素总浓度 C_{t}：

$$C_{\mathrm{t}} = C_{\mathrm{a}} + C_{\mathrm{b}} = 20.29A_{645} + 8.05A_{663} \tag{1-5}$$

此外，由于叶绿素 a、b 在 652 nm 波长下的吸收峰相交，两者有相同的吸光系数（均为 34.5 $\mathrm{L \cdot g^{-1} \cdot cm^{-1}}$）。因此，也可以在 652 nm 波长下测定一次吸光度而求出叶绿素总浓度 C_{t}：

$$C_{\mathrm{t}} = \frac{A_{652} \times 1000}{34.5} \tag{1-6}$$

在有叶绿素存在的条件下，用分光光度法可同时测定出溶液中类胡萝卜素的含量。Lichtenthaler 等对 Arnon 法进行了修正，提出了 80%丙酮提取液中三种色素含量的计算公式为：

$$C_a = 12.21A_{663} - 2.81A_{646} \tag{1-7}$$

$$C_b = 20.13A_{646} - 5.03A_{663} \tag{1-8}$$

$$C_{x.c} = \frac{1000A_{470} - 3.27C_a - 104C_b}{229} \tag{1-9}$$

式中 C_a，C_b——叶绿素 a、b 的浓度，mg/L；

$C_{x.c}$——类胡萝卜素的浓度，mg/L；

A_{663}，A_{646}，A_{470}——叶绿素提取液在 663 nm、646 nm 和 470 nm 波长下的吸光度。

由于叶绿素在不同溶剂中的吸收光谱有差异，因此，在使用其他溶剂提取色素时，计算公式也有所不同。叶绿素 a、b 在 95%乙醇溶液中最大吸收峰的波长分别为 665 nm 和 649 nm，类胡萝卜素为 470 nm，据此可列出如下关系式：

$$C_a = 13.95A_{665} - 6.88A_{649} \tag{1-10}$$

$$C_b = 24.96A_{649} - 7.32A_{665} \tag{1-11}$$

$$C_{x.c} = \frac{1000A_{470} - 2.05C_a - 114.8C_b}{245} \tag{1-12}$$

三、材料、器具及试剂

1. 材　料

芥菜叶、菠菜叶、豆角、香蕉皮等果蔬材料。

2. 器　具

电子天平、剪刀、研钵、棕色容量瓶（25 mL）、漏斗、定量滤纸、量筒、滴管、具塞刻度试管（25 mL）、分光光度计等。

3. 试　剂

石英砂、碳酸钙粉、95%乙醇溶液。

四、步骤与方法

（一）研磨法

1. 叶绿素提取

称取 0.2 g 果蔬样品（可视样品中叶绿素含量多少而增减样品用量），剪刀剪碎后放入研钵中，加少量石英砂和碳酸钙粉以及 2~3 mL 95%乙醇溶液（或 80%丙酮溶液），研磨成匀浆，再加入 10 mL 95%乙醇继续研磨至组织变白。静置 3～5 min。之后将研磨液用滤纸过滤入 25 mL 棕色容量瓶中，用 95%乙醇冲洗研钵、钵杵及滤纸至无绿色为止，并用 95%乙醇定容至 25 mL，摇匀，即得叶绿素提取液。

2. 叶绿素含量测定

以 95%乙醇溶液为空白调零，用光径为 1 cm 的比色皿，在波长 665 nm、649 nm 和 470 nm 下读取吸光度（A）。

（二）浸提法

1. 叶绿素提取

对于一些蔬菜叶片还可直接采用浸提法提取叶绿素。称取 0.2 g 样品（避开叶脉），用剪刀均匀地剪成 0.2 cm 左右的细丝或小块，将样品全部转移入 25 mL 具塞刻度试管中，向其中加入 15 mL 95%乙醇溶液（或 80%丙酮溶液），将黏附在管壁边缘的叶片碎末仔细冲洗到乙醇溶液中，盖上试管塞，室温下黑暗处浸提 24 ~ 48 h，期间摇动 3 ~ 4 次，直至叶片组织完全变白，然后用 95%乙醇溶液定容至 25 mL，过滤或离心后，得到叶绿素提取液。

2. 叶绿素含量测定

提取液与研磨法同样进行比色测定。

五、结果分析

按公式（1-10）（1-11）和（1-12）分别计算出提取液中叶绿素 a、叶绿素 b 和类胡萝卜素的质量浓度（mg/L），将公式（1-10）和（1-11）相加得样品提取液中的叶绿素总浓度（mg/L），再按下式计算果蔬样品中的叶绿素含量（mg/g）：

$$\text{叶绿素含量（mg/g）} = \frac{C_t \times V_t}{W \times 1000}$$

式中　C_t——样品提取液中的叶绿素总浓度，mg/L；

V_t——样品提取液总体积，mL；

W——称取的样品质量，g。

六、注意事项

（1）为了避免叶绿素分解，应在弱光下操作，且应尽量缩短研磨时间。

（2）提取叶绿素时干材料一定要用 95%乙醇溶液或 80%丙酮溶液；新鲜的果蔬材料因为含水量较高，因此，也可以用无水乙醇或丙酮提取。

（3）如果材料中含有的叶绿素含量较高，可将提取液体积定容至 50 mL，或对提取液进行适当倍数稀释后再进行测定。

（4）叶绿素提取液必须清亮不能浑浊，可利用定量滤纸过滤或进行低温高速离心。

七、思考题

研磨提取叶绿素时加入少量碳酸钙粉有什么作用？

实验四　可溶性固形物含量的测定

一、实验目的

掌握使用手持式折光仪测定可溶性固形物含量的方法。

二、基本原理

果蔬可溶性固形物是指汁液中所有溶解于水的化合物的总称，包括糖、酸、维生素、矿物质等，主要为可溶性糖类，是反映果蔬成熟度和耐贮性的一个重要指标。利用手持式折光仪测定果蔬中的总可溶性固形物含量，可大致表示果蔬的含糖量。

手持式折光仪是根据不同浓度的液体具有不同的折射率这一原理设计而成的。光线从一种介质进入另一种介质时会产生折射现象，且入射角正弦之比为定值，此比值称为折光率，果蔬汁液中可溶性固形物含量与折光率在一定条件下（同一温度、压力）成正比例，故测定果蔬汁液的折光率，可求出果蔬汁液的浓度（含糖量的多少），以此大约估计果蔬成熟度或了解其品质。

三、材料及器具

1. 材　料

西瓜、橙子、葡萄、番茄等新鲜果蔬产品。

2. 器　具

研钵、滴管、纱布、擦镜纸、蒸馏水、手持式折光仪（图 1-1）等。

图 1-1　手持式折光仪

四、步骤与方法

1. 样品制备

取一定量果蔬样品（可食用部位），放入研钵中研磨成匀浆，用两层纱布过滤后备用。在野外操作时，也可以直接挤压果蔬可食用部位，得到待测果汁或菜汁样品。

2. 调　零

测定前，需将手持式折光仪调零。调零时，打开折光仪保护盖，用擦镜纸擦干棱镜镜面，滴 2～3 滴蒸馏水在镜面上，合上盖板，使蒸馏水遍布于折光棱镜表面，将仪器进光窗对向光源或明亮处，调整目镜，使视野内分划刻度清晰可见，并观察视野中明暗分界线是否对准刻度 0%，若有偏离，则需旋动校正螺丝，使分界线刚好在 0%处。

3. 样品测定

打开盖板，用擦镜纸擦干镜面，如步骤 2 在棱镜镜面上滴 2～3 滴果蔬汁样品，合上盖板，读取视野中明暗交界线上的刻度（图 1-2），以质量分数（%）表示。重复测定 3 次，求平均值。

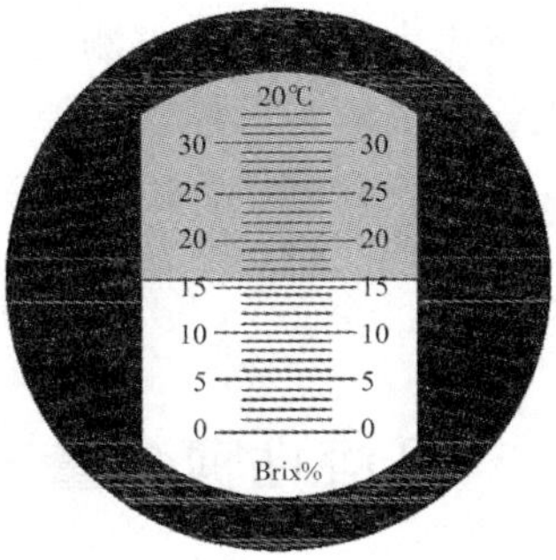

图 1-2　手持式折光仪刻度表

五、注意事项

（1）通常规定在温度为 20 °C 时，测得的读数为可溶性固形物的含量。若测定温度不是 20 °C 时，则应参照附录 A 加以校正。因此，测定时温度最好控制在 20 °C 左右。

（2）测定前，需要对折光仪校准调零。测定完毕后，需要将折光仪的各构件部分特别是棱镜镜面擦拭干净。

（3）为了更便捷地读数，也可以使用数显糖度计测定可溶性固形物含量。

实验五　糖含量的测定

糖是决定果蔬品质和风味的重要成分。测定果蔬的含糖量，对于鉴别果蔬产品的品质，以及对于改进其栽培技术和选择合适的加工、贮存条件都很必要。果蔬中的糖类主要有葡萄糖、果糖（单糖）和蔗糖（双糖）。它们都溶于水，统称为可溶性糖。单糖具有还原性，也称为还原糖；蔗糖不具有还原性，称为非还原糖。但蔗糖经水解为单糖后就又具有还原性。糖的还原性与测定方法有密切关系，大多数的测定方法是依据这一还原性质来定量测定它的含量的。它们的测定首先须用水在 80 °C 浸提出来，也可以用酒精浸提。后者是在样品中含淀粉和蔗糖高时采用。双糖须经水解转化为还原糖后再测定。糖的种类很多，性质各不相同，因而测定方法也各异。通常采用化学方法测定总糖、还原糖或其他糖的含量，除此以外，还可以用折光仪测定可溶性固形物近似代表含糖量，以及用高效液相色谱法测定果蔬中具体糖的种类及含量。

项目一　可溶性糖含量的测定

一、实验目的

通过实验，掌握利用蒽酮比色法测定果蔬组织中可溶性糖含量的原理和方法。

二、基本原理

可溶性糖主要是指能溶于水及乙醇的单糖、双糖和寡聚糖等。

糖在浓硫酸作用下，可经脱水反应生成糠醛或羟甲基糠醛，生成的糠醛或羟甲基糠醛可与蒽酮反应生成蓝绿色糠醛衍生物，在一定范围内，颜色的深浅与糖的含量成正比，故可用于糖的定量测定。糖类与蒽酮反应生成的有色物质在可见光区的吸收峰为 620 nm，故在此波长下进行比色。

该法可以测定几乎所有的碳水化合物，包括单糖、双糖、寡糖和多糖等。所以，蒽酮法测出的碳水化合物含量，实际上是溶液中全部可溶性碳水化合物总量。

三、材料、器具及试剂

1. 材　料

苹果、梨等果蔬产品。

2. 器　具

研钵、漏斗、容量瓶（50 mL、1 000 mL）、具塞刻度试管（25 mL）、移液枪、水浴锅、分光光度计等。

3. 试　剂

（1）100 μg/mL 葡萄糖标准液：称取 80 °C 烘箱烘至恒重的葡萄糖 100 mg，用蒸馏水溶解并定容至 1000 mL。

（2）80%浓硫酸：取 400 mL 相对密度为 1.84 g/cm^3 的浓硫酸用 100 mL 水稀释至 500 mL。

（3）蒽酮试剂：称取 500 mg 蒽酮，溶于 500 mL 80%浓硫酸中，贮于具塞棕色瓶内，现配现用。

四、步骤与方法

1. 制作标准曲线

取 6 支 25 mL 具塞刻度试管，编号，按表 1-1 配制分别含 0 ~ 100 μg 葡萄糖的标准溶液。

表 1-1　测定可溶性糖含量的标准曲线绘制

试剂	管号					
	0	1	2	3	4	5
100 μg/mL 葡萄糖标准液体积/mL	0	0.2	0.4	0.6	0.8	1.0
蒸馏水体积/mL	1.0	0.8	0.6	0.4	0.2	0
每管的葡萄糖质量/μg	0	20	40	60	80	100

加入表 1-1 中试剂后，向各管沿管壁迅速加入 5 mL 蒽酮试剂，盖上塞子，摇匀，沸水浴 10 min，取出立即用水冷却至室温，在 620 nm 波长处下测定吸光度，用 0 号管调零。以葡萄糖质量为横坐标、吸光度为纵坐标，绘制标准曲线。

2. 样品提取

称取果蔬样品 0.5 g，用少量蒸馏水研磨至匀浆后，转移到 25 mL 具塞刻度试管中，冲洗研钵，一并转入试管中，补加蒸馏水至 15 mL 刻度处，沸水浴提取 30 min，取出冷却后过滤，将滤液直接滤入 50 mL 容量瓶中，滤渣再用 15 mL 蒸馏水于沸水浴条件下重复提取 10 min，提取液过滤到容量瓶中，用水反复冲洗滤渣及试管，合并滤液并定容至 50 mL。

3. 样品测定

取样品提取液 1 mL，然后加入 5 mL 蒽酮试剂，其他操作步骤与制作标准曲线的相同。如果测定的吸光度过大时，则应对样品提取液进行适当倍数的稀释后再重新测定，以稀释后的样品液中糖浓度降低至 10 ~ 50 μg/mL 为宜。

五、结果分析

$$\text{可溶性糖含量（mg/g）} = \frac{C \times V_t \times D}{W \times V_s \times 1000}$$

式中　C——标准曲线上查得的葡萄糖质量，μg；

V_t——样品提取液总体积，mL；

D——样品提取液稀释倍数；

W——称取的样品质量，g；

V_s——测定时吸取的样品液体积，mL。

六、注意事项

（1）测定液必须清澈透明，加热后不应有蛋白质沉淀。样品颜色较深时，可用活性炭脱色后再进行测定。

（2）此方法测定结果受硫酸浓度和加热时间影响，操作时应准确、认真。

七、思考题

（1）应用蒽酮法测得的糖包括哪些类型?

（2）查询文献资料，找出还有哪些方法可以测定可溶性糖的含量。

项目二　还原糖含量的测定

一、实验目的

掌握 3, 5-二硝基水杨酸法测定果蔬组织中还原糖含量的原理和方法。

二、基本原理

果蔬中可溶性糖可分为还原糖（包括各种单糖和麦芽糖）和非还原糖（主要是蔗糖）。还原糖具有醛基和酮基，主要来源于多糖类物质和其他一些大分子的降解产物。同时，这些还原糖还能为淀粉、纤维素、果胶质等大分子碳水化合物和核苷酸等多种物质的合成提供糖基供体，与果蔬的生理生化代谢密切相关。

还原糖在碱性溶液中能够与 3, 5-二硝基水杨酸反应生成棕红色的 3-氨基-5-硝基水杨酸化合物，化合产物在 540 nm 处具有特征吸收峰，还原糖的含量在一定的浓度范围内与 540 nm 下的吸光值呈线性关系，根据测定的吸光值即可定量检测样品中还原糖的含量。

三、材料、器具及试剂

1. 材　料

苹果、梨等果蔬产品。

2. 器　具

研钵、漏斗、容量瓶（100 mL、50 mL）、具塞刻度试管（25 mL）、移液枪、水浴锅、分光光度计等。

3. 试　剂

（1）1 mg/mL 葡萄糖标准液：准确称取 80 °C 烘箱烘至恒重的葡萄糖 100 mg，用蒸馏水溶解并定容至 100 mL，冰箱中保存备用。

（2）3, 5-二硝基水杨酸（DNS）试剂：将 6.3 g 3, 5-二硝基水杨酸和 262 mL 2 mol/L NaOH 溶液，加到 500 mL 含有 185 g 酒石酸钾钠的热水溶液中，再加 5 g 结晶酚和 5 g 亚硫酸钠，搅拌溶解。待冷却后，转入 1000 mL 容量瓶中，并用蒸馏水定容至刻度，贮于棕色瓶中备用。盖紧瓶塞，勿使 CO_2 进入。试剂最好提前一周配制使其充分稳定，若溶液浑浊可过滤后使用。

四、步骤与方法

1. 制作标准曲线

取 7 支 25 mL 具塞刻度试管，编号，按表 1-2 配制一系列不同浓度的葡萄糖标准液。

表 1-2 测定还原糖含量的标准曲线绘制

试剂	管号						
	0	1	2	3	4	5	6
1mg/mL 葡萄糖标准液体积/mL	0	0.2	0.4	0.6	0.8	1.0	1.2
蒸馏水体积/mL	2.0	1.8	1.6	1.4	1.2	1.0	0.8
DNS 试剂体积/mL	1.5	1.5	1.5	1.5	1.5	1.5	1.5
葡萄糖质量/mg	0	0.2	0.4	0.6	0.8	1.0	1.2

将各管摇匀，沸水浴中加热 5 min，取出后立即用冷水冷却至室温，蒸馏水定容至 25 mL，混匀，在 540 nm 波长下测定吸光度，以 0 号管作为参比调零。以葡萄糖质量为横坐标，吸光度为纵坐标、绘制标准曲线。

2. 样品提取

称取样品 0.5 g，用少量蒸馏水研磨至匀浆后，转移到 25 mL 具塞刻度试管中，冲洗研钵，一并转入试管中，补加蒸馏水至 15 mL 刻度处，80 °C 水浴 30 min（期间摇晃数次），使还原糖浸出，取出冷却后过滤，将滤液滤入 50 mL 容量瓶中，滤渣再用 15 mL 蒸馏水重复提取 10 min，再次过滤，用蒸馏水反复洗涤滤渣，合并两次滤液并最终定容至 50 mL。

3. 样品测定

吸取 2 mL 样品提取液和 1.5 mL DNS 试剂，按照与制作标准曲线相同的方法操作，测定各样品提取液的吸光度。如果吸光度读数过高，就要用蒸馏水对提取液进行适当倍数稀释后再测定。

五、结果分析

$$\text{还原糖含量 (mg/g)} = \frac{C \times V_t \times D}{W \times V_s}$$

式中 C——标准曲线上查得的葡萄糖质量，mg；

V_t——样品提取液总体积，mL；

D——样品提取液稀释倍数；

W——称取的样品质量，g；

V_s——测定时吸取的样品液体积，mL。

六、注意事项

（1）配制 3, 5-二硝基水杨酸试剂过程中，在将含有 3, 5-二硝基水杨酸的 NaOH 溶液加到含酒石酸钾钠的热水溶液中时，一定要慢慢倒入，边倒边搅拌，以防被烫伤。

（2）在还原糖提取液中，带还原性基团（醛基）的糖多种多样（如葡萄糖、麦芽糖、半乳糖醛酸等都带有还原性基团），在利用 3, 5-二硝基水杨酸法测定时形成的呈色化合物最大吸收峰可能会发生不同程度的变化。一般波长变化范围为 500 ~ 540 nm。在具体测定时，可在波长 500 nm、510 nm、520 nm 和 540 nm 等处进行预实验，了解最大吸收峰所在的波长，以便获得较好实验结果。

七、思考题

干扰果蔬中还原糖测定的主要因素有哪些？怎样避免？

项目三　果糖含量的测定

一、实验目的

掌握间苯二酚法测定果蔬组织中果糖含量的原理和方法。

二、基本原理

果糖能与间苯二酚共热呈现颜色的变化，而其他酮糖的该反应很迟钝，可利用这个原理进行果糖的测定。

三、材料、器具及试剂

1. 材　料

苹果、梨等果蔬产品。

2. 器　具

研钵、漏斗、容量瓶（100 mL、500 mL）、具塞刻度试管（25 mL）、移液枪、水浴锅、分光光度计等。

3. 试　剂

（1）0.1%间苯二酚：称取 0.1 g 间苯二酚，溶于 100 mL 95%乙醇中，棕色瓶保存。

（2）30% HCl：量取 100 mL 38%浓盐酸（密度 1.2 g/mL），用 32 mL 蒸馏水稀释。

（3）200 μg/mL 果糖贮备溶液：称取 100 mg 烘干至恒重的果糖，用蒸馏水溶解并定容至 500 mL。

四、步骤与方法

1. 制作标准曲线

先将 200 μg/mL 的果糖贮备溶液用水稀释成 0、15、30、50、75、100、150、200 μg/mL 不同质量浓度的果糖标准溶液。取 8 支试管，分别加入 1 mL 不同质量浓度的果糖标准溶液，再向管中分别加入 2 mL 30% HCl、1 mL 0.1%间苯二酚及 1 mL 水，摇匀。80 °C 水浴反应 10 min，冷却至室温，在 480 nm 处测定 OD 值，以果糖质量浓度为 0 μg/mL 的管作为参比调零。以果糖质量为横坐标、吸光度为纵坐标，绘制标准曲线。

2. 样品提取

样品提取同第一章实验五的项目二。

3. 样品测定

吸取 1 mL 样品提取液代替果糖标准溶液，按照与制作标准曲线相同的方法操作，测定各样品提取液的吸光度。如果吸光度读数过高，可对样品提取液进行适当倍数稀释后再测定。

五、结果分析

$$果糖含量\ (\mathrm{mg/g})=\frac{C\times V_{\mathrm{t}}\times D}{W\times V_{\mathrm{s}}}$$

式中　C——标准曲线上查得的果糖质量，mg；

V_{t}——样品提取液总体积，mL；

D——样品提取液稀释倍数；

W——称取的样品质量，g；

V_{s}——测定时吸取的样品液体积，mL。

项目四　蔗糖含量的测定

一、实验目的

掌握间苯二酚法测定果蔬组织中蔗糖含量的原理和方法。

二、基本原理

先用碱与样品共热，破坏其中还原糖，然后用间苯二酚测定蔗糖中的果糖部分。蔗糖能够在酸性条件下水解为葡萄糖和果糖，果糖与间苯二酚反应生成有色物质，产物在 480nm 处具有特征吸收峰，通过吸光值变化即可定量检测蔗糖的含量。

三、材料、器具及试剂

1. 材　料

苹果、梨等果蔬产品。

2. 器　具

研钵、漏斗、容量瓶（100 mL）、具塞刻度试管（25 mL）、移液枪、水浴锅、分光光度计等。

3. 试　剂

（1）2 mol/L NaOH：称取 8g NaOH 用蒸馏水溶解并定容至 100 mL。

（2）30% HCl：配制方法见第一章实验五的项目三。

（3）0.1%间苯二酚：配制方法见第一章实验五的项目三。

（4）200 μg/mL 蔗糖标准液：称取 80 °C 烘箱烘烤至恒重的蔗糖 20 mg，用蒸馏水溶解并定容至 100 mL。

四、步骤与方法

1. 制作标准曲线

先将 200 μg/mL 的蔗糖标准液用水稀释成 0、10、20、40、60、80、100 μg/mL 不同质量浓度的蔗糖标准溶液。分别吸取 0.4 mL 不同质量浓度的蔗糖标准溶液，各加入 200 μL 2 mol/L NaOH，沸水浴 5 min，冷却至常温后加入 2.8 mL 30% HCl、0.8 mL 0.1%间苯二酚，摇匀。80 °C 水浴反应 10 min，冷却至室温，在 480 nm 处测定 OD 值，以蔗糖质量浓度 0 μg/mL 的管作为参比调零。以蔗糖质量为横坐标、吸光度为纵坐标，绘制标准曲线。

2. 样品提取

样品提取同第一章实验五的项目二。

3. 样品测定

吸取 0.4 mL 样品提取液代替蔗糖标准溶液，按照与制作标准曲线相同的方法操作，测定各样品提取液的吸光度。如果吸光度读数过高，可对样品提取液进行适当倍数稀释后再测定。

五、结果分析

$$蔗糖含量\ (\mathrm{mg/g}) = \frac{C \times V_t \times D}{W \times V_s}$$

式中　C——标准曲线上查得的蔗糖质量，mg；

V_t——样品提取液总体积，mL；

D——样品提取液稀释倍数；

W——称取的样品质量，g；

V_s——测定时吸取的样品液体积，mL。

项目五　高效液相色谱法测定果糖、葡萄糖和蔗糖的含量

一、实验目的

（1）了解高效液相色谱（HPLC）的工作原理及使用方法。

（2）掌握 HPLC 法测定果蔬中果糖、葡萄糖和蔗糖含量的方法。

二、基本原理

比色法测定果蔬中果糖、葡萄糖和蔗糖含量的操作较繁琐，且结果精确性差。高效液相色谱（HPLC）法是在经典液相色谱法的基础上，引用了气相色谱的理论。在技术上，HPLC 的流动相改为高压输送，色谱柱是以特殊的方法用小粒径的填料填充而成，从而使柱效大大高于经典液相色谱，同时柱后连有高灵敏度的检测器，可对流出物进行连续检测，实现了分离速度快、分离效率高和操作自动化的要求。

果蔬中的果糖、葡萄糖和蔗糖经提取后，利用高效液相色谱柱分离，用示差折光检测器检测，采用外标法对其进行定量测定。

三、材料、器具及试剂

1. 材　料

苹果、橙子、梨等果蔬产品。

2. 器　具

容量瓶（50 mL）、进样针、滤膜（0.45 μm）、氨基色谱柱、分析天平、匀浆机、超声波提取仪、高速冷冻离心机、高效液相色谱仪等。

3. 试　剂

（1）20 mg/mL 糖标准贮备液：称取经干燥至恒重的果糖、葡萄糖和蔗糖各 1 g，分别用超纯水溶解并定容至 50 mL。4 °C 密封可贮藏一个月。

（2）糖标准工作液：分别吸取浓度均为 20 mg/mL 的果糖标准贮备液、葡萄糖标准贮备液和蔗糖标准贮备液 1 mL、2 mL、3 mL、4 mL、5 mL 于 10 mL 容量瓶中，加水定容至刻度，得到果糖、葡萄糖和蔗糖浓度均相当于 2 mg/L、4 mg/L、6 mg/L、8 mg/L、10 mg/L 的标准工作液。

（3）乙腈（色谱纯）。

四、步骤与方法

1. HPLC 测定条件及标准曲线的绘制

HPLC 测定条件是：氨基色谱柱（4.6 mm × 250 mm × 5 μm），柱温 40 °C，流动相为 V(乙腈)：V(水)=70：30，流速为 1.0 mL/min，检测器为 RID 示差折光检测器，检测池温度设为

40 °C，进样量为 20 μL。

分别取糖含量为 2 mg/L、4 mg/L、6 mg/L、8 mg/L、10 mg/L 的标准工作液，过 0.45 μm 微孔滤膜后依次上机进行液相色谱分析，进样量为 20 μL。记录色谱图谱峰面积或峰高，以峰面积或峰高为纵坐标，以标准工作液的浓度为横坐标绘制标准曲线。

2. 样品提取

称取经匀浆机匀浆后的果蔬样品 10 g 于 50 mL 容量瓶中，加水约 30 mL，混匀，超声波提取 30 min，定容至 50 mL 刻度，再在 12 000*g* 条件下离心 15 min。取上清液过 0.45 μm 微孔滤膜至样品瓶，供液相色谱分析。

3. 样品测定

将待测样品提取液注入高效液相色谱仪中，进样量为 20 μL，记录峰面积或峰高，从标准曲线中查得试样溶液中各种糖的浓度。当样品液的含糖量太高时可对其进行适当倍数稀释后再测定。

五、结果分析

按如下公式计算果蔬样品中的果糖、葡萄糖和蔗糖含量：

$$\text{果糖或葡萄糖或蔗糖的含量（g/100 g）} = \frac{C \times V_t \times D}{W \times 1000} \times 100$$

式中　C——标准曲线上查得的糖（果糖、葡萄糖、蔗糖）的浓度，mg/mL；

V_t——样品提取液总体积，mL；

D——样品提取液稀释倍数；

W——称取的样品质量，g。

六、注意事项

（1）使用过程中需注意高效液相色谱仪的维护和使用安全。

（2）流动相须经过超声波脱气后方可使用。

七、思考题

运用高效液相色谱法测定果蔬中果糖、葡萄糖和蔗糖含量的优势是什么？

实验六　有机酸含量的测定

一、实验目的

（1）了解有机酸对果蔬品质和风味形成的影响。
（2）掌握滴定法测定有机酸含量的方法。

二、基本原理

有机酸是果蔬特有的酸味物质，能增强果蔬的风味，在果蔬组织中以游离态或酸式盐的形式存在。果蔬中含有丰富的有机酸，主要有苹果酸、柠檬酸、酒石酸和草酸等。不同种类和品种的果蔬含有的有机酸种类和数量不同，同一种类同一品种的果蔬，其成熟度不同，有机酸的含量差异也很大。

果蔬有机酸含量的测定是根据酸碱中和的原理，用已知浓度的氢氧化钠（NaOH）溶液滴定果蔬提取液，根据氢氧化钠的消耗量测出其可滴定酸含量，也称为总酸含量。由于果蔬中含有的有机酸种类较多，最终计算时，常以该果蔬含有的主要酸来表示，如苹果、梨、桃、李、杏、番茄、莴苣主要含苹果酸，就以苹果酸计算，其折算系数为 0.067 g/mmol；柑橘类以柠檬酸计算，其折算系数为 0.064 g/mmol；葡萄以酒石酸计算，其折算系数为 0.075 g/mmol。

三、材料、器具及试剂

1. 材　料

苹果、柑橘、葡萄、番茄等果蔬产品。

2. 器　具

天平、切物板、小刀、研钵或匀浆机或榨汁机、滴瓶（100 mL）、容量瓶（100 mL、1000 mL）、漏斗、滤纸、三角瓶（100 mL）、铁架台、碱式滴定管等。

3. 试　剂

（1）1%酚酞指示剂：称取 1 g 酚酞，用 100 mL 95%的乙醇溶液溶解。

（2）0.1 mol/L NaOH 溶液：称取 4.0 g 分析纯氢氧化钠，用新煮沸并冷却的蒸馏水溶解后定容至 1000 mL。

四、步骤与方法

1. 样品液制备

称取混匀后的果蔬样品 10 g，匀浆机打浆或用研钵研碎，转移到 100 mL 容量瓶中，用蒸馏水定容至刻度，充分混匀后用滤纸过滤。

2. 测　定

吸取滤液 20 mL 放入 100 mL 三角瓶中，加入 2 滴 1%酚酞指示剂，用 0.1 mol/L NaOH 溶液滴定至淡红色，且持续 30 s 不褪色为止，记下氢氧化钠的用量。重复滴定 3 次，取平均值。以蒸馏水代替样品液进行滴定作为空白对照。

五、结果分析

绘制表格，记录样品液滴定时氢氧化钠的用量，按下式计算果蔬中的有机酸含量：

$$\text{果蔬含酸量}\ (\%) = \frac{V_t \times C \times (V_1 - V_0) \times K}{V_s \times W}$$

式中 V_t——样品液总体积，mL；

C——氢氧化钠溶液浓度，mol/L；

V_1——滴定样品液消耗的氢氧化钠溶液体积，mL；

V_0——滴定空白消耗的氢氧化钠溶液体积，mL；

K——折算系数（即在反应过程中中和 1 mmol 氢氧化钠所需要的有机酸的质量，g/mmol）；

V_s——滴定时吸取的样品液体积，mL；

W——称取的样品鲜质量，g。

六、注意事项

（1）有些果蔬容易榨汁，其汁液含酸量可代表果蔬含酸量（g/100 mL）。测定时，先将果蔬直接榨汁，然后取定量汁液（5 ~ 10 mL），用蒸馏水稀释至 20 mL，直接用 0.1 mol/L NaOH 溶液滴定。

（2）一些果蔬中含酸量较少，用 0.1 mol/L NaOH 溶液进行滴定时，NaOH 溶液消耗的体积过小，易引起较大误差。在实际操作过程中，可以将 NaOH 溶液进行适当倍数稀释后再滴定。

（3）若滤液有颜色，影响滴定终点，可加入同体积的无 CO_2 蒸馏水稀释或用活性炭脱色后再滴定。对于颜色过深或浑浊的样品液，可用电位滴定法进行测定。

实验七 维生素C含量的测定

维生素C又称抗坏血酸，是人体维持正常生命活动不可缺乏的维生素之一。人体缺乏维生素C时，易出现疲劳、嗜睡等症状，严重时甚至导致牙龈出血、败血症发生等。果蔬中维生素C含量受果蔬种类、品种、栽培条件、成熟度和贮藏条件等的影响，测定其含量可作为果蔬营养品质和贮藏效果的评价指标之一。目前多采用2, 6-二氯靛酚滴定法和钼蓝比色法两种方法测定果蔬中维生素C的含量。

项目一 2, 6-二氯靛酚滴定法

一、实验目的

（1）了解测定果蔬维生素C含量的意义。

（2）掌握利用2, 6-二氯靛酚滴定法测定果蔬维生素C含量的原理与方法。

二、基本原理

本实验方法适用于测定还原型抗坏血酸，属于氧化还原滴定法。2, 6-二氯靛酚具有较强的氧化性，其在酸性溶液中呈红色，在中性或碱性溶液中呈蓝色。还原型的抗坏血酸能将2, 6-二氯靛酚还原，同时自身被氧化为脱氢抗坏血酸。因此，当用蓝色的2, 6-二氯靛酚标准溶液（显碱性）滴定含有抗坏血酸（维生素C）的草酸溶液时，其中的抗坏血酸可以将2, 6-二氯靛酚还原成无色的还原型，一直滴定到当溶液中的抗坏血酸完全被氧化之后，再滴2, 6-二氯靛酚时就会使草酸溶液呈红色。借此可以根据滴定时所用的2, 6-二氯靛酚标准溶液的量而计算出被测样品中维生素C的含量。

三、材料、器具及试剂

1. 材 料

猕猴桃、鲜枣、青椒、莴苣叶等果蔬材料。

2. 器 具

电子天平、研钵、离心管（10 mL）、移液器、容量瓶（1000 mL、250 mL）、碱式滴定管、铁架台、三角瓶（25 mL）、高速冷冻离心机等。

3. 试 剂

（1）2%草酸溶液：称取20 g草酸，用蒸馏水溶解并定容至1000 mL。

（2）0.2 mg/mL 标准抗坏血酸溶液：称取 0.05 g 抗坏血酸，用 2%草酸溶解并定容至250 mL。贮藏于棕色瓶中，4 °C低温保存，最好现配现用。

（3）2, 6-二氯靛酚溶液：称取 50 mg 的 2, 6-二氯靛酚钠盐，溶于 50 mL 含有 42 mg 碳酸氢钠的热蒸馏水中，冷却后用蒸馏水定容至 250 mL。过滤后置于棕色药瓶中，放入 4 °C 冰箱可保存一周。尽量现用现配，临用前用标准抗坏血酸溶液标定。

四、步骤与方法

1. 2, 6-二氯靛酚溶液的标定

取 0.2 mg/mL 标准抗坏血酸溶液 2 mL 置于 50 mL 三角瓶中，加入 5 mL 2%草酸，用 2, 6-二氯靛酚溶液滴定至桃红色，且 15 s 内不褪色即为终点。根据已知标准抗坏血酸溶液和染料的用量，计算出每毫升染料溶液相当的抗坏血酸质量（mg），重复 3 次，取平均值。

2, 6-二氯靛酚溶液的滴定度按如下公式计算：

$$T(\text{mg/mL})=\frac{C\times V}{V_1-V_0}$$

式中 T——每毫升 2, 6-二氯靛酚溶液相当的抗坏血酸质量，mg/mL；

C——标准抗坏血酸溶液的浓度，mg/mL；

V——吸取的标准抗坏血酸溶液的体积，mL；

V_1——滴定标准抗坏血酸溶液时消耗的 2, 6-二氯靛酚溶液的体积，mL；

V_0——滴定空白溶液时消耗的 2, 6-二氯靛酚溶液的体积，mL。

2. 样品提取

称取 1 g 果蔬样品置于研钵中，加入少量石英砂及 2 mL 2%草酸溶液，冰浴研磨成匀浆，再用 6 mL 2%草酸分次冲洗研钵，所有研磨液转入 10 mL 离心管中，于 4 °C、10 000*g* 条件下离心 5 min，上清液备用。

3. 样品滴定

取 2 mL 上清液置于 25 mL 三角瓶中，加入 5 mL 2%草酸溶液，用标定过的 2, 6-二氯靛酚钠溶液滴定至桃红色且 15 s 内不褪色为止，记下染料的用量。空白用 7 mL 2%草酸同样按上述方法滴定。重复 3 次。

五、结果分析

计算果蔬样品含有的维生素 C 含量，以每千克样品含有的抗坏血酸质量表示。

$$\text{维生素C含量（mg/kg）}=\frac{(V_1-V_0)\times T\times V_t}{W\times V_s}\times 1000$$

式中 V_1——滴定样品液时消耗的 2, 6-二氯靛酚溶液体积，mL；

V_0——滴定空白时消耗的 2, 6-二氯靛酚溶液体积，mL；

V_t——样品提取液总体积，mL；

W——称取的样品质量，g；

V_s——测定时吸取的样品液体积，mL。

六、注意事项

（1）若样品提取液含色素较多，滴定时不易看出颜色变化，可按每克样品加 0.4 g 白陶土进行脱色后再测定；或加 1 mL 氯仿，到达终点时，氯仿层由无色变为粉红色。

（2）某些果蔬如橘子、西红柿等，样品提取液会存在泡沫太多的现象，影响定容，可加几滴丁醇或辛醇消泡。

（3）滴定所消耗的染料不应小于 1 mL 或多于 4 mL，如果样品中维生素 C 含量过高或过低，可适当增减样品提取液测定体积或改变提取液稀释倍数，使其符合滴定染料用量范围。

（4）滴定开始，可迅速增加染料用量，临近滴定终点时，必须一滴一滴加入，且需要不断摇晃三角瓶，使反应液充分接触，直至滴定终止。

七、思考题

提取维生素 C 时为什么需要在冰上研磨提取？

项目二　钼蓝比色法

一、实验目的

掌握利用钼篮比色法测定果蔬维生素 C 含量的原理与方法。

二、基本原理

钼酸铵在 SO_4^{2-} 和 PO_4^{3-} 存在下可与抗坏血酸发生反应，生成亮蓝色的钼蓝配合物，在 760 nm 处有最大吸收峰。当抗坏血酸含量在 2 ~ 40 μg/mL，符合朗伯-比尔定律。新鲜植物样品中的还原糖及还原物质不干扰测定，而且反应迅速，专一性好，不受样品液颜色的影响。

三、材料、器具及试剂

1. 材　料

猕猴桃、鲜枣、青椒、莴苣叶等果蔬材料。

2. 器　具

天平、研钵、具塞刻度试管（25 mL）、量筒、容量瓶（100 mL）、移液枪、离心管（10 mL）、水浴锅、高速冷冻离心机、分光光度计等。

3. 试　剂

（1）5%（*W*/*V*）钼酸铵溶液：称取 5 g 钼酸铵，加蒸馏水溶解并定容至 100 mL。

（2）草酸-EDTA 溶液（草酸 0.05 mol/L，EDTA 0.2 mol/L）：称取 6.30 g 草酸和 0.075 g EDTA-Na_2，溶于蒸馏水中并定容至 1000 mL。

（3）5%（*V*/*V*）H_2SO_4：吸取 2.5 mL 浓硫酸缓慢加入 47.5 mL 蒸馏水中混匀，边加边搅拌。

（4）20%（*V*/*V*）冰醋酸：量取 10 mL 冰醋酸，用 40 mL 蒸馏水稀释。

（5）偏磷酸-乙酸溶液：取 3 g 棒状偏磷酸加入 20%冰醋酸 40 mL，完全溶解后用蒸馏水稀释至 100 mL，用滤纸过滤，滤液在冰箱中可保存 3 d。

（6）1 mg/mL 抗坏血酸标准溶液：精确称取分析纯抗坏血酸 100 mg，置于 50 mL 烧杯中，加适量草酸-EDTA 溶液溶解后，再用该溶液定容到 100 mL 刻度，即成 1 mg/mL 标准液，此溶液现配现用（若抗坏血酸纯度不够，应提前进行标定）。

四、步骤与方法

1. 制作标准曲线

取 6 支 25 mL 具塞刻度试管，编号，按表 1-3 加入各种试剂。

表 1-3 钼蓝比色法测定维生素 C 含量的标准曲线绘制

试剂	试管号					
	1	2	3	4	5	6
1 mg/mL 抗坏血酸标准液体积/mL	0	0.2	0.4	0.6	0.8	1.0
草酸-EDTA 溶液体积/mL	5.0	4.8	4.6	4.4	4.2	4.0
偏磷酸-乙酸溶液体积/mL	0.5	0.5	0.5	0.5	0.5	0.5
5% H_2SO_4 体积/mL	1.0	1.0	1.0	1.0	1.0	1.0
5%钼酸铵溶液体积/mL	2.0	2.0	2.0	2.0	2.0	2.0
抗坏血酸含量/mg	0	0.2	0.4	0.6	0.8	1.0

加完试剂后盖上玻璃塞，将溶液混合均匀，30 °C 水浴 15 min，用蒸馏水稀释到 25 mL 刻度，混匀，用 1 号空白管调零，在 760 nm 波长下比色，记录吸光度。以抗坏血酸含量为横坐标、吸光度为纵坐标，绘制标准曲线，求回归方程。

2. 样品提取

称取 1 g 果蔬样品置于研钵中，加入 8 mL 草酸-EDTA 溶液（为方便研磨，可分 2～3 次加入），冰浴研磨成匀浆，匀浆经 4 °C、10 000*g* 离心 10 min 后，重复离心 1 次，上清液备用。

3. 样品测定

准确吸取样品提取液 1 mL，按标准管 6 加入其他试剂（除抗坏血酸标准液以外的所有试剂），同法测定。若样品显色时出现沉淀，可过滤或离心后再进行比色，不影响测定结果。

五、结果分析

$$\text{维生素C含量（mg/kg）} = \frac{C \times V_t}{W \times V_s} \times 1000$$

式中 C——标准曲线上查得的维生素 C 含量，mg；

V_t——样品提取液总体积，mL；

W——称取的样品质量，g；

V_s——测定时吸取的样品液体积，mL。

六、注意事项

（1）温度对显色有影响，颜色强度随时间的延长而加深，因此显色温度和加入显色剂后的时间要求一致。

（2）在钼蓝比色法中，维生素 C 本身并不参与组成有色化合物，而仅是一种还原型的显色剂。在浓度低时就不能将钼酸铵充分还原。因此，在酸性环境下，多余的钼酸铵就以黄色的钼酸存在，溶液颜色仅是浅黄色，产生偏差。当维生素 C 含量过高时，钼酸铵被全部还原，过量的维生素 C 将部分钼蓝还原为黑棕色的三价钼化合物，也产生偏差。因此，样品测定时，通过改变称取的样品质量、提取液的总体积或测定体积，使得最终反应体系的吸光值应该落在标准曲线范围内，以提高检测的准确性。

七、思考题

比较钼蓝比色法和 2, 6-二氯靛酚滴定法测定果蔬中维生素 C 含量的优缺点。

实验八　可溶性蛋白质含量的测定

一、实验目的

（1）了解测定果蔬可溶性蛋白质含量的意义。

（2）掌握利用考马斯亮蓝法测定可溶性蛋白质含量的原理和方法。

二、基本原理

可溶性蛋白质含量是一个重要的生理生化指标，与果蔬生长发育、成熟衰老、抗逆性、抗病性等生理代谢密切相关，也是衡量果蔬营养品质的重要评价指标之一。此外，在研究一些酶的作用时也常以比活力（酶活力单位/毫克蛋白质，U/mg protein）表示酶活力大小及酶制剂纯度。为此，就需要测定可溶性蛋白质的含量，常见的测定方法是考马斯亮蓝 G-250 比色法。

考马斯亮蓝 G-250 测定蛋白质含量属于染料结合法的一种。该染料在游离状态下呈红色，在稀酸溶液中，当它与蛋白质的疏水区结合后就会变为青色，前者最大光吸收在 465 nm，后者在 595 nm。在一定蛋白质浓度范围内（1 ~ 1000 μg），蛋白质与染料结合物在 595 nm 波长下的吸光度与蛋白质含量成正比，故可用于蛋白质的定量测定。该反应在 2 min 左右即可达到平衡，色素结合物在室温下 1 h 内保持稳定。反应快速灵敏，易于操作，干扰物质少，可测定微克级蛋白质含量，是一种比较好的蛋白质定量法。但此方法也存在其缺点，考马斯亮蓝在蛋白质含量很高时线性关系偏低，且不同来源的蛋白质与色素结合状况有所差异。

三、材料、器具及试剂

1. 材　料

榨菜、梨等新鲜果蔬产品。

2. 器　具

容量瓶（1000 mL、100 mL）、具塞刻度试管（10 mL）、移液枪、离心管（10 mL）、高速冷冻离心机、分光光度计等。

3. 试　剂

（1）考马斯亮蓝 G-250 溶液：称取 100 mg 考马斯亮蓝 G-250，溶于 50 mL 90%乙醇中，加入 100 mL 85%的磷酸，用蒸馏水定容至 1000 mL。滤纸过滤后贮存于棕色瓶中，常温黑暗条件下可保存 1 个月。

（2）100 μg/mL 标准蛋白质溶液：称取 25 mg 牛血清蛋白，用蒸馏水溶解并定容至 100 mL，再用蒸馏水稀释 2.5 倍即为 100 μg/mL 的标准溶液。

四、步骤与方法

1. 制作标准曲线

取 6 支具塞刻度试管，按表 1-4 依次加入溶液，混匀后，再向各试管加入 5 mL 考马斯亮蓝 G-250 溶液，将溶液充分混合均匀，放置 2 min 后，以 1 号管为空白调零，在 595 nm 下比色。以牛血清蛋白含量为横坐标、吸光度为纵坐标，绘制标准曲线，求回归方程。

表 1-4 测定可溶性蛋白质含量的标准曲线控制

管号	1	2	3	4	5	6
100 μg/mL 标准蛋白质溶液体积/mL	0	0.2	0.4	0.6	0.8	1.0
蒸馏水体积/mL	1.0	0.8	0.6	0.4	0.2	0
蛋白质含量/μg	0	20	40	60	80	100

2. 样品提取

称取样品 0.2 g，加入少许石英砂以及 2 mL 蒸馏水或缓冲液研磨成匀浆，再用 6 mL 蒸馏水或缓冲液分次冲洗研钵，所有研磨液转入 10 mL 离心管中，于 4 °C、12 000*g* 条件下离心 10 min，上清液用于后续测定。

3. 样品测定

吸取 1 mL 样品提取液，加入 0.9 mL 蒸馏水，再加入 5 mL 考马斯亮蓝 G-250 溶液，充分混合溶液，放置 2 min 后与标曲曲线同法进行测定。

五、结果分析

根据记录的吸光度，通过标准曲线查出相应的蛋白质质量，按下式计算果蔬样品中可溶性蛋白质的含量。

$$\text{可溶性蛋白质含量（mg/g）} = \frac{C \times V_t}{W \times V_s}$$

式中 C——标准曲线上查得的蛋白质质量，mg；

V_t——样品提取液总体积，mL；

W——称取的样品质量，g；

V_s——测定时吸取的样品液体积，mL。

六、注意事项

（1）考马斯亮蓝 G-250 配制完毕，如果发现溶液中有絮状沉淀，必须用滤纸过滤后再使用，否则在测定时会造成吸光度不稳定、不准确。如果实验中发现使用过滤后的考马斯亮蓝 G-250 溶液在与样品接触后短时间内便发生絮凝，基本可推测该考马斯亮蓝 G-250 溶液已过期，需重新配制再测定。

（2）比色应在加完所有试剂后的 2 min ~ 1 h 内完成。

七、思考题

查找资料学习可溶性蛋白质含量测定的 Folin-酚试剂法（Lowry 法），比较两种方法的优缺点。

实验九　游离氨基酸含量的测定

一、实验目的

掌握水合茚三酮显色法测定果蔬中游离氨基酸含量的原理和方法。

二、基本原理

果蔬中富含游离氨基酸，其组成和含量因果蔬种类不同而不同，决定了果蔬的品质和风味形成。在果蔬的生长发育、成熟衰老过程中，游离氨基酸含量的变化与果蔬组织的生理生化代谢密切相关。因此测定果蔬中的游离氨基酸含量对于研究果蔬采后生理、氮素代谢及营养状况等具有重要意义。

果蔬中的游离氨基酸含量常采用水合茚三酮显色法进行测定。酸性条件下，氨基酸与水合茚三酮共热时，能定量生成二酮茚胺。该产物显示蓝紫色，称为 Ruhemens 紫，在波长 570 nm 处有吸收峰，产物的颜色深浅与游离氨基酸含量成正比，因此，可用分光光度计法测定其含量。氨基酸与茚三酮的反应分为两步。第一步是氨基酸被氧化形成 CO_2、NH_3 和醛，茚三酮被还原为还原型茚三酮；第二步是形成的还原型茚三酮与另一个茚三酮分子和 NH_3 缩合成 Ruhemens 紫。

三、材料、器具及试剂

1. 材　料

青椒、梨等果蔬产品。

2. 器　具

漏斗、滤纸、研钵、容量瓶（100 mL）、三角瓶、具塞刻度试管（20 mL）、移液枪、水浴锅、分光光度计等。

3. 试　剂

（1）5 μg/mL 标准氨基酸溶液：精确称取 80 °C 烘干至恒重的亮氨酸 0.0468 g，溶于 10% 异丙醇并定容至 100 mL。取此液 5 mL 用蒸馏水稀释到 50 mL，即得 5 μg/mL 氨基酸标液。

（2）乙酸-乙酸钠缓冲液（pH 5.4）：称取乙酸钠 54.4 g，加入无氨蒸馏水 100 mL，电炉上加热至沸，使其体积蒸发至 50 ~ 60 mL，冷却后加冰乙酸 30 mL，加蒸馏水定容至 100 mL。

（3）水合茚三铜：称重结晶的茚三铜 0.6 g，装入烧杯，加入正丙醇 15 mL 使其溶解，再加入正丁醇 30 mL 以及乙二醇 60 mL，最后加入 pH 5.4 的乙酸-乙酸钠缓冲液 9 mL，混匀，棕色瓶中于 4 °C 冰箱保存，10 d 内有效。

（4）0.1%抗坏血酸：称取 50 mg 抗坏血酸，溶于 50 mL 无氨蒸馏水中，现配现用。

（5）95%乙醇。

（6）60%乙醇。

（7）10%乙酸溶液：量取 10 mL 冰乙酸，用无氨蒸馏水稀释至 100 mL。

四、步骤与方法

1. 制作标准曲线

取 6 支 20 mL 具塞刻度试管，编号，按表 1-5 加入各种试剂，盖上塞子，混匀。沸水（100 °C）浴中加热 15 min，取出后用冷水迅速冷却。然后迅速向每管中加入 5 mL 95%乙醇，塞好塞子，并不时摇动使加热时形成的红色产物被空气逐渐氧化而褪色，待溶液呈现蓝紫色时，再用 60%乙醇稀释至 20 mL。以 0 号管为参比进行调零，于 570 nm 波长下测定吸光度。以氨基酸质量（μg）为横坐标、吸光度为纵坐标，绘制标准曲线。

表 1-5　测定游离氨基酸含量的标准曲线绘制

试剂	管号					
	1	2	3	4	5	6
5 μg/mL 标准氨基酸溶液体积/mL	0	0.2	0.4	0.6	0.8	1.0
无氨蒸馏水体积/mL	2.0	1.8	1.6	1.4	1.2	1.0
水合茚三铜体积/mL	3.0	3.0	3.0	3.0	3.0	3.0
0.1%抗坏血酸体积/mL	0.1	0.1	0.1	0.1	0.1	0.1
每管氨基酸质量/μg	0	1	2	3	4	5

2. 样品提取

称取叶片样品 0.5 g 或果肉样品 0.5 ~ 1.0 g，加 5 mL 10%乙酸溶液在研钵中匀浆，将研磨液转移到 100 mL 容量瓶中，用蒸馏水稀释至刻度，摇匀。用滤纸过滤到三角瓶中备用。

3. 样品测定

吸取样品提取液 1 mL，放入 20 mL 具塞试管中，加入 1 mL 无氨蒸馏水，其余步骤与制作标准曲线的相同。

五、结果分析

根据样品液的吸光度，在标准曲线上查出样品测定液的氨基酸质量。按下式计算样品中游离氨基酸的含量。

$$\text{游离氨基酸含量（μg/100 g）} = \frac{C \times V_t}{W \times V_s \times 1000} \times 100$$

式中　C——标准曲线上查得的氨基酸质量，mg；

V_t——样品提取液总体积，mL；

W——称取的样品质量，g；

V_s——测定时吸取的样品液体积，mL。

六、注意事项

（1）合格的茚三铜是微黄色结晶，若保管不当，受阳光、空气等影响而被氧化常呈微红色，必须重结晶后方可使用。方法为：取 5 g 茚三酮溶于 15 mL 温蒸馏水中，加入 0.25 g 活性炭，轻轻摇动，若溶液太稠不易操作，可酌量加水 5 ~ 10 mL。静置 30 min 后用滤纸过滤。滤液放 4 °C 冰箱中过夜，第二天即出现微黄色结晶，过滤，再用 1 mL 冷水洗涤结晶，置于干燥器中干燥，装入棕色试剂瓶中备用。

（2）茚三酮与氨基酸反应生成的 Ruhemans 紫在未加入乙醇前不稳定，故显色反应完毕冷却时应尽快加入 95%乙醇稀释。

（3）茚三酮试剂主要是多肽和氨基酸的显色剂，产生的 Ruhemens 紫在 1 h 内保持稳定，故稀释后需要尽快比色。

（4）空气中的氧干扰显色反应的第一步。以抗坏血酸为还原剂，可提高反应的灵敏度，并使颜色稳定。但由于抗坏血酸也可与茚三酮反应，使溶液颜色过深，故应严格掌握抗坏血酸的加入量。

七、思考题

游离氨基酸含量测定过程中加入抗坏血酸的作用是什么?

实验十 淀粉含量的测定

一、实验目的

掌握酸水解法测定果蔬组织中淀粉含量的原理和方法。

二、基本原理

淀粉是葡萄糖以α-1,4-糖苷键及α-1,6-糖苷键连接而成的高分子多糖物质，是许多果蔬产品品质构成的重要成分。未成熟的果实当中含有大量的淀粉，在果实成熟过程中，淀粉能够水解转化为单糖或者寡糖，使果实可溶性糖含量增高，从而增加果实甜度。对于以淀粉为贮藏物质的果蔬，如山药、莲藕等，采收时组织中淀粉含量高，则品质和耐贮藏性更强。因此，测定果蔬组织中的淀粉含量，可以了解果蔬产品的农艺性状、成熟程度以及食用品质等，以改进采后贮藏加工条件。

淀粉在酶或酸性条件下加热可水解成葡萄糖。利用乙醇除去样品中可溶性糖后，在一定酸性条件下，将果蔬样品中的淀粉水解为具有还原性的葡萄糖。通过测定还原性葡萄糖的含量，可计算出果蔬组织中淀粉的含量。整个水解过程反应式如下：

$$(C_6H_{10}O_5)_n + nH_2O \xrightarrow{H^+} nC_6H_{10}O_6$$

根据反应式，淀粉与葡萄糖之比为：$(n \times 162.1)/(n \times 180.12)=0.9$，即 0.9 g 淀粉水解可得到 1 g 葡萄糖，因此，对测定的还原糖含量，乘以换算系数 0.9，即为淀粉含量。

三、材料、器具及试剂

1. 材　料

马铃薯、山药、香蕉等果蔬产品。

2. 器　具

具塞刻度试管（25 mL）、漏斗、滤纸、研钵、烧杯、容量瓶（100 mL）、电子天平、水浴锅、分光光度计等。

3. 试　剂

（1）80%乙醇溶液：量取 80 mL 无水乙醇用蒸馏水定容至 100 mL。

（2）9.2 mol/L 的高氯酸溶液：量取 739.55 mL 71%的高氯酸，用蒸馏水稀释至 1000 mL。

（3）1 mg/mL 葡萄糖标准液：配制方法见第一章实验五项目二。

（4）3, 5-二硝基水杨酸（DNS）试剂：配制方法见第一章实验五项目二。

四、步骤与方法

1. 制作标准曲线

具体步骤与方法参照第一章实验五项目二进行。

2. 样品提取

称取 1 g 果蔬样品置于研钵中，研磨成匀浆后转入 25 mL 刻度试管中，加入 10 mL 80%乙醇溶液，80 °C 条件下水浴 30 min，取出冷却后过滤，弃去主要含可溶性糖的滤液，收集滤渣，用 80%的乙醇溶液重复提取一次，过滤，并用 80%乙醇洗涤数次除去可溶性糖，收集滤渣。将滤渣转移至 25 mL 刻度试管中，加入 20 mL 热蒸馏水，置于沸水浴中煮沸糊化 15 min，再加入 2 mL 冷的 9.2 mol/L 的高氯酸溶液，不断搅拌，提取 15 min。冷却后加蒸馏水至 10 mL，混匀，过滤，将滤液转入 100 mL 容量瓶中。再向残渣中加入 2 mL 9.2 mol/L 的高氯酸溶液，搅拌提取 15 min 后加入蒸馏水混匀，过滤后，洗涤残渣。将前后两次滤液、洗涤液合并转入 100 mL 容量瓶中，定容至刻度，得样品提取液备用。

3. 样品测定

具体步骤与方法参照第一章实验五项目二进行。

五、结果分析

根据样品提取液测得的吸光度，在标准曲线上查出相应的葡萄糖质量，计算果蔬组织中淀粉含量。计算公式如下：

$$\text{淀粉含量（mg/g）}=\frac{C\times V_t\times D}{W\times V_s}\times 0.9$$

式中 C——标准曲线上查得的葡萄糖质量，mg；

V_t——样品提取液总体积，mL；

D——样品提取液稀释倍数；

W——称取的样品质量，g；

V_s——测定时吸取的样品液体积，mL；

0.9——由葡萄糖换算为淀粉的系数。

六、注意事项

（1）淀粉水解程度对样品测定具有重要影响。必要时应进行淀粉水解完全度试验。具体方法：样品测定中可同时取 1 份用于淀粉水解完全度检验的样品，在酸解过滤后，将其残渣加上 2 mL 水，搅拌均匀，吸 2 滴于白瓷盘上，加 2 滴 I_2-KI 溶液，显微镜下观察，若出现蓝紫色颗粒，证明水解不完全，需再加高氯酸水解，直至不出现蓝紫色为止。

（2）此法适用于淀粉含量较高，半纤维素和多缩戊糖等其他多糖含量较少的样品。对富含半纤维素、多缩戊糖及果胶质的样品，因水解时它们也被水解为木糖、阿拉伯糖等还原糖，使测定结果偏高。该法操作简单、应用广泛，但选择性和准确性不及酶水解测定法。

七、思考题

查阅文献资料，了解淀粉含量测定的其他方法及适用范围。

实验十一　粗纤维含量的测定

一、实验目的

（1）了解测定果蔬粗纤维含量的意义。

（2）掌握利用酸碱洗涤法测定果蔬粗纤维含量的原理和方法。

二、基本原理

纤维素是植物细胞壁的主要成分之一，果蔬中纤维素的含量直接关系到植物细胞的机械强度，进而影响果蔬的质地、食用品质和贮藏性。因此测定果蔬中纤维素含量对于了解果蔬品质、抗病性和耐贮性等具有重要意义。

粗纤维是指不能被稀酸、稀碱所溶解，不能被人体或家畜所消化吸收的有机物质，主要成分是纤维素，还有残存的半纤维素和木质素。酸碱洗涤法的测定原理是用浓度确定的酸和碱在特定条件下消煮样品，再用乙醇除去可溶物，经高温灼烧扣除矿物质的量，所余质量就是粗纤维含量。在硫酸作用下，可使样品中的淀粉、糖、果胶物质、色素和一些半纤维素水解而除去，再用碱处理除去样品中的蛋白质和脂肪酸，残渣再经乙醇和乙醚处理后减去灰分质量即为粗纤维含量。

三、材料、器具及试剂

1. 材　料

芹菜、青菜头等果蔬产品。

2. 器　具

分样筛、三角瓶（500 mL）、滤纸、漏斗、烧杯、粉碎机、电子天平、古氏坩埚、水浴锅、烘箱、马弗炉等。

3. 试　剂

（1）1.25%硫酸溶液：取相对密度 1.84 的浓硫酸 7 mL，用水稀释至 1 L。

（2）1.25% NaOH 溶液：称 12.5 g NaOH 用水溶解并定容至 1 L。

（3）95%乙醇。

（4）无水乙醚。

（5）石棉：用体积比为 1∶3 的盐酸浸泡石棉，且煮沸大约 45 min，过滤、水洗、干燥后置 550 °C 的马弗炉中灼烧 16 h。取出放冷后加入 1.25%硫酸溶液煮沸 30 min，过滤，用蒸馏水洗净酸。再加入 1.25% NaOH 溶液煮沸 30 min，过滤，用 1.25%硫酸洗一次，再用水洗净，烘干后置 550 °C 的马弗炉中灼烧 4 h。冷却后加水成悬浊物，贮存于广口瓶中。

四、步骤与方法

1. 样品前处理

果蔬样品放入烘箱经 105 °C 杀青 30 min，转 80 °C 烘干至恒重。将烘干后的样品用粉碎机磨碎，过 0.84 mm（20 目）的筛子，收集样品备用。

2. 酸液处理

称取样品约 3 g 无损失地倒入 500 mL 三角瓶中，向三角瓶中加入 200 mL 1.25%的硫酸溶液，在三角瓶外，用记号笔标记好溶液所在位置。将样品和溶液加热至沸腾再继续 30 min，加热时，为防止激烈沸腾，应连续搅拌。每 5 min 要向瓶中倒入沸水，使内容物达到标记处，以保持酸浓度不变。停止加热后，立即用滤纸过滤，并用热蒸馏水冲洗烧瓶及漏斗，直至滤纸用蓝色石蕊试纸测定为中性反应为止。

3. 碱液处理

用 200 mL 1.25% NaOH 溶液将滤纸上的沉淀物完全洗入瓶内，将其加热至沸腾再继续 30 min，其他操作同酸液处理。停止加热后，用滤纸过滤，以沸水洗涤数次之后使洗液不再呈碱性（红色石蕊不变色）。

4. 烘　干

用水把滤纸上残渣洗入烧杯中，然后转移到铺有石棉的古氏坩埚中，抽滤，用 95%乙醇洗涤 2 ~ 3 次直至滤液无色，每次 15 ~ 20 mL，再用乙醚洗涤 2 次，每次 15 ~ 20 mL（脱脂样品不用乙醚再洗），以去除单宁、色素及残余的脂肪等物质。将坩埚及其内容物放入烘箱在 105 °C 下烘干至恒重，干燥器中冷却至室温后称量（m_1）。

5. 灰　化

将坩埚及其内容物在 600 °C 的马弗炉中灰化 30 min，干燥器中冷却至室温后称量（m_2）。

五、结果分析

$$粗纤维\ (\%) = \frac{m_1 - m_2}{W} \times 100$$

式中　m_1 ——古氏坩埚质量+粗纤维质量+灰分质量，g；

m_2 ——古氏坩埚质量+灰分质量，g；

W ——称取的样品干质量，g。

六、注意事项

（1）为了保持酸、碱浓度加热过程不致因水分蒸发而增加，也可以给三角瓶连接回流冷凝管后加热。

（2）如果溶液在沸腾时起泡过多，可预先加入几滴消泡剂如正辛醇等。

七、思考题

哪些因素会影响果蔬组织中粗纤维含量的测定结果？

实验十二　花青苷含量的测定

一、实验目的

掌握利用 pH 示差法测定果蔬花青苷含量的原理和方法。

二、基本原理

花青素是一类广泛存在的水溶性植物色素，自然状态下常与各种单糖形成糖苷，称为花青苷。花青苷赋予果蔬红、蓝、紫等绚丽色彩，对果蔬的外观品质影响较大。

溶液 pH 不同，花青苷的存在形式也不同。对于一个给定的 pH，在花青苷的 4 种结构之间存在着平衡：蓝色的醌式（脱水）碱，红色的黄烊盐正离子，无色的甲醇假碱和查尔酮。花青苷在 pH 很低时，其溶液呈现最强的红色。随着 pH 的增大，花青苷的颜色将褪至无色，最后在高 pH 时变成紫色或蓝色。pH 示差法测定花青苷含量的依据是花青苷发色团的结构转换是 pH 的函数，起干扰作用的褐色降解物的特性不随 pH 变化。因此在花青苷最大吸收波长下确定两个对花青苷吸光度差别最大但是对花青苷稳定的 pH，根据 Fuleki 的经验公式可以计算出花青苷总量。

三、材料、器具及试剂

1. 材　料

草莓、茄子等果蔬产品。

2. 器　具

容量瓶（1000 mL）、量筒（100 mL）、移液枪、研钵、离心管（10 mL）、高速冷冻离心机、分光光度计等。

3. 试　剂

（1）1%盐酸-甲醇溶液：1 mL 盐酸加入 99 mL 的甲醇。

（2）50 mmol/L KCl 缓冲溶液（pH 1.0）：称取 3.72 g KCl 用 950 mL 蒸馏水溶解，再用 HCl 和 pH 计调整 pH 至 1.0 ± 0.05，最后蒸馏水定容至 1000 mL。

（3）400 mmol/L 醋酸钠缓冲溶液（pH 4.5）：称取 54.43 g $CH_3CO_2Na\cdot 3H_2O$，用 950 mL 蒸馏水溶解，再用 HCl 和 pH 计调整 pH 至 4.5 ± 0.05，最后蒸馏水定容至 1000 mL。

四、步骤与方法

1. 花青苷提取

称取 0.5 g 样品，加入液氮迅速研磨为粉末状，转移到 10 mL 离心管中，加入预冷的 8 mL 1%盐酸-甲醇水溶液，4 °C 低温黑暗浸提 24 h，然后在 4 °C、12 000g 条件下离心 10 min，取上清液放入新的离心管中重复离心 1 次，得样品提取液。

2. 花青苷含量测定

每个样品取等量（1 mL）的样品提取液两份，分别加入 10 mL 50 mmol/L KCl 缓冲液溶液（pH 1.0）或 10 mL 400 mmol/L 醋酸钠缓冲液（pH 4.5）对样品提取液进行稀释，摇匀后置于 4 °C 冰箱静置 2 h 进行平衡，然后用光路直径为 1 cm 的比色皿在 510 nm 和 700 nm 波长下比色，蒸馏水调零作为对照。

五、结果分析

按下式计算果蔬组织中花青苷的含量：

$$A=(A_{510}-A_{700})_{\mathrm{pH1.0}}-(A_{510}-A_{700})_{\mathrm{pH4.5}}$$

$$C(\mathrm{mg/L})=\frac{A\times M\times D\times 1000}{\varepsilon\times L}$$

$$\text{花青苷含量}\ (\mathrm{mg/g})=\frac{C\times V_{\mathrm{t}}}{W}$$

式中 $(A_{510}-A_{700})_{\mathrm{pH1.0}}$——加 50 mmol/L KCl 缓冲液溶液（pH 1.0）的样品提取液在 510 nm 和 700 nm 波长下的吸光值之差；

$(A_{510}-A_{700})_{\mathrm{pH4.5}}$——加 400 mmol/L 醋酸钠缓冲液（pH 4.5）的样品提取液在 510 nm 和 700 nm 波长下的吸光值之差；

C——样品提取液的花青苷浓度，mg/L；

M——矢车菊-3-葡萄糖苷的分子量，M = 449.2 g/mol；

D——样品提取液的稀释倍数；

ε——矢车菊-3-葡萄糖苷的摩尔消光系数，ε = 26900 $\mathrm{L\cdot mol^{-1}\cdot cm^{-1}}$；

L——比色皿的光路直径，L = 1 cm；

V_{t}——样品提取液总体积，mL；

W——称取的样品质量，g。

六、注意事项

应根据果蔬样品中花青苷含量的多少，适当增加或减少 pH 1.0 和 pH 4.5 的缓冲液的用量，以对样品提取液进行适当倍数的稀释。

实验十三　总酚含量的测定

一、实验目的

（1）了解测定果蔬总酚含量的意义。

（2）掌握果蔬组织中总酚含量测定的原理和方法。

二、基本原理

果蔬组织中大量存在着酚类及黄酮类植物次生代谢物，它们与果蔬的色泽、品质和风味形成、成熟衰老过程、组织褐变、抗逆性和抗病性代谢等作用密切相关，对果蔬贮藏、加工性能及果蔬营养价值和医疗保健作用均具有重要影响。

利用乙醇或甲醇溶液从果蔬组织中提取总酚物质。以没食子酸为主的多酚类化合物在碱性溶液中可将福林试剂中的钨钼酸还原成蓝色化合物，该化合物在 765 nm 处有最大吸收，且吸收值与酚类化合物含量成正比，以没食子酸为标准物质，采用标准曲线法可对果蔬中总酚化合物进行定量。

三、材料、器具及试剂

1. 材　料

蓝莓、草莓等果蔬产品。

2. 器　具

容量瓶（25 mL、50 mL、100 mL、200 mL）、具塞刻度试管（10 mL、25 mL）、移液枪、离心管（10 mL）、研钵、狭缝微量比色皿（1.05 mL）、高速冷冻离心机、超声波提取仪、分光光度计等。

3. 试　剂

（1）70%乙醇：70 mL 无水乙醇，用蒸馏水稀释至 100 mL。

（2）5 倍稀释的福林-酚试剂：吸取 2 mL 福林-酚试剂，用 8 mL 蒸馏水稀释 5 倍。

（3）6% Na_2CO_3 溶液：称取 12 g Na_2CO_3，用蒸馏水溶解并定容至 200 mL。

（4）没食子酸标准液：

① 1 mg/ mL 没食子酸：称取 25 mg 没食子酸，用蒸馏水溶解并定容至 25 mL。

② 0.1 mg/ mL 没食子酸：用移液枪吸取 5 mL 1 mg/ mL 没食子酸，用蒸馏水定容至 50 mL。

③ 按表 1-6 所示配制没食子酸浓度梯度分别为 0、20、60、100、150、200、300、400、500、600 μg/ mL 的标准品溶液。

表 1-6　没食子酸标准品溶液的配制

没食子酸浓度梯度/μg·mL^{-1}	没食子酸加入量/mL	蒸馏水加入量/mL
0.0	0.1 mg/mL 没食子酸 0.0	2.0
20.0	0.1 mg/mL 没食子酸 0.4	1.6
60.0	0.1 mg/mL 没食子酸 1.2	0.8
100.0	1 mg/mL 没食子酸 0.2	1.8
150.0	1 mg/mL 没食子酸 0.3	1.7
200.0	1 mg/mL 没食子酸 0.4	1.6
300.0	1 mg/mL 没食子酸 0.6	1.4
400.0	1 mg/mL 没食子酸 0.8	1.2
500.0	1 mg/mL 没食子酸 1.0	1.0
600.0	1 mg/mL 没食子酸 1.2	0.8

④ 再分别吸取 100 μL 表 1-6 中不同质量浓度的没食子酸标准品溶液，加入 400 μL 蒸馏水进一步稀释，配成最终浓度为 0、4、12、20、30、40、60、80、100、120 μg/ mL 的没食子酸标准液。

四、步骤与方法

1. 制作标准曲线

取 10 支 10 mL 具塞刻度试管，编号 0～9，分别取终浓度为 0、4、12、20、30、40、60、80、100、120 μg/ mL 的没食子酸标准液 100 μL，加入 0.1 mL 5 倍稀释的福林-酚试剂，让样品充分混合，保持 6 min，再加入 1 mL 6% Na_2CO_3 溶液，充分混合后于 75 °C 条件下水浴 10 min，立即置于冰水浴中冷却到室温，以标准曲线的“0”号管为空白调零，于 765 nm 波长下用 1.05 mL 的狭缝微量比色皿测定吸光度。以没食子酸质量（μg）为横坐标、吸光度为纵坐标，绘制标准曲线。

2. 样品提取

称取样品 1 g，用 10 mL 预冷的 70%乙醇溶液研钵成匀浆，转移到 25 mL 具塞试管中，超声波提取 1 h，4 °C、12 000g 条件下离心 10 min，上清液再重复离心 1 次，得样品提取液。

3. 样品测定

取 100μL 样品提取液代替没食子酸标准液，其他操作步骤与制作标准曲线的相同。当样品提取液测定的吸光度过大时，将其用 70%乙醇进行合适倍数的稀释后再重新测定。

五、结果分析

$$总酚含量\ (mg/kg)=\frac{C\times V_t\times D}{W\times V_s}$$

式中　C——标准曲线上查得的没食子酸质量，μg；

V_t——样品提取液总体积，mL；

D——样品提取液稀释倍数；

W——称取的样品质量，g；

V_s——测定时吸取的样品液体积，mL。

六、注意事项

如果酚类物质含量太高，样品提取液应用 70%乙醇溶液适当稀释后再测定。

实验十四　总黄酮含量的测定

一、实验目的

掌握果蔬组织中总黄酮含量测定的原理和方法。

二、基本原理

以硝酸铝-亚硝酸钠为显色剂，利用其与黄酮类物质生成的红色铝螯合物为特征，在510 nm 波长下有最大吸收值，并以芦丁为标准品进行对照，由此可计算出待测果蔬组织的总黄酮含量。

三、材料、器具及试剂

1. 材　料

草莓、葡萄等果蔬产品。

2. 器　具

容量瓶（100 mL）、具塞刻度试管（25 mL）、移液枪、离心管（2.5 mL）、研钵、高速冷冻离心机、分光光度计等。

3. 试　剂

（1）5% $NaNO_2$溶液：称取 5 g $NaNO_2$，用蒸馏水溶解并定容至 100 mL。

（2）10% $AlNO_3 \cdot 6H_2O$：称取 10 g $AlNO_3 \cdot 6H_2O$，用蒸馏水溶解并定容至 100 mL。

（3）4% NaOH 溶液：称取 4 g NaOH，用蒸馏水溶解并定容至 100 mL。

（4）70%乙醇：70 mL 无水乙醇用蒸馏水稀释至 100 mL。

（5）芦丁标准液：

① 1.5 mg/ mL 芦丁标品母液：称取 0.015 g 芦丁，用 10 mL 70%乙醇溶解。

② 分别取芦丁标品母液 0、0.2、0.4、0.6、0.8、1 mL，用 70%乙醇（1、0.8、0.6、0.4、0.2、0 mL）定容至 1 mL，得到浓度依次为 0、300、600、900、1200、1500μg/ mL 的芦丁标准液。

四、步骤与方法

1. 制作标准曲线

取 6 支 2.5 mL 离心管，编号 0～5，分别取终浓度为 0、300、600、900、1200、1500μg/ mL 的芦丁标准液 100 μL，加入 100 μL 5% $NaNO_2$ 溶液，摇匀，在室温下静置 6 min，加入 100 μL 10% $AlNO_3 \cdot 6H_2O$ 溶液，摇匀后再静置 6 min，然后加入 1 mL 4% NaOH 溶液和 1.2 mL 70%乙醇，摇匀，室温下反应 15 min，在 510 nm 下测定吸光度。以标准曲线的“0”号管为空白调零。以芦丁质量（μg）为横坐标、吸光度为纵坐标，绘制标准曲线。

2. 样品提取

样品提取同第一章实验十三。

3. 样品测定

取 100 μL 样品提取液代替芦丁标准液，其他操作步骤与制作标准曲线的相同。

五、结果分析

按下式计算总黄酮含量：

$$\text{总黄酮含量（mg/kg）} = \frac{C \times V_t}{W \times V_s}$$

式中　C——标准曲线上查得的芦丁质量，μg；

V_t——样品提取液总体积，mL；

W——称取的样品质量，g；

V_s——测定时吸取的样品液体积，mL。

六、注意事项

随着显色时间的延长，吸光值将略有下降，因此显色反应后应尽快进行比色分析。

实验十五　单宁含量的测定

一、实验目的

了解高锰酸钾滴定法测定单宁含量的原理，掌握其测定方法。

二、基本原理

单宁属于多酚类化合物，普遍存在于未成熟的果实中，是果蔬产生涩味的主要来源，具有褐变现象，与果蔬及其制品的品质和风味具有密切关系。测定单宁含量的方法有多种，这里介绍较常用的高锰酸钾滴定法。

单宁可被活性炭（或高岭土）吸收和被高锰酸钾氧化。根据样品提取液中的单宁被活性炭（或高岭土）吸附前后的氧化值之差，即可计算出样品中的单宁含量。用靛红（靛蓝二磺酸钠）做指示剂，高锰酸钾做氧化剂，滴定时当溶液颜色由蓝色变为黄色时即为终点。

1 mmol 高锰酸钾所能氧化的单宁的量视单宁种类的不同而不同，中国单宁（五倍子单宁）为 41.6 mg，茶多酚为 58.2 mg。

三、材料、器具及试剂

1. 材　料

柿子、葡萄、茄子等果蔬产品。

2. 器　具

容量瓶（250 mL、500 mL、1000 mL）、三角瓶（200 mL）、烧杯、量筒、滴定管、漏斗、滤纸、水浴锅、组织捣碎机、电子天平等。

3. 试　剂

（1）0.1%靛红溶液：称取靛红 0.5 g，溶解于 25 mL 浓硫酸中，若难溶解，可加热至 60 °C，保持 4 h，然后用蒸馏水稀释至 500 mL。

（2）粉状活性炭。

（3）0.01 mol/L 高锰酸钾标准溶液：

① 称取高锰酸钾 1.58 g，溶于沸水中，冷却后用蒸馏水定容至 1000 mL，过滤（用玻璃砂芯漏斗过滤，不可用滤纸），滤液保存至棕色瓶中备用。使用前应用草酸标准溶液标定。

② 标定：称取 0.6303 g 分析纯草酸，蒸馏水定容至 100 mL，得到 0.05 mol/L 草酸标准溶液，吸取 0.05 mol/L 草酸标准溶液 5 mL 于 200 mL 三角瓶中，加蒸馏水 50 mL，再加入 5 mL 浓硫酸（密度 1.84 g/cm^3），摇匀，70 ~ 80 °C 水浴中保温 5 min，取出，用高锰酸钾滴定，待溶液出现淡红色，保持一分钟不变为终点。

按下列公式计算高锰酸钾标准溶液的浓度：

$$C = \frac{5 \times 0.05}{V}$$

式中　C——高锰酸钾标准溶液的浓度，mol/L；

V——滴定时消耗的高锰酸钾体积，mL。

四、步骤与方法

1. 样品提取

称取捣碎均匀的样品 10 ~ 20 g，用约 150 mL 蒸馏水转入 250 mL 容量瓶中，充分振荡摇匀，加水定容至 250 mL，用干滤纸过滤直至得到清亮的滤液。

2. 样品滴定

准确吸取样品提取液 10 mL 置于 200 mL 三角瓶中，准确加入靛红溶液 25 mL、蒸馏水 75 mL，用 0.01 mol/L 高锰酸钾标准溶液快速滴定至呈黄绿色时，再慢慢滴定至呈明亮的金黄色即为终点，记录所消耗的高锰酸钾标准溶液的体积（V_1）。

3. 空白滴定

另同样取样品提取液 10 mL 于三角瓶中，加入粉状活性炭 2 ~ 3 g，置于水浴上加热搅拌数分钟以吸附单宁，过滤。用热水洗涤数次，滤液和洗涤液合并后，准确加入靛红溶液 25 mL、蒸馏水 75 mL，如上述滴定至终点，记录所消耗的高锰酸钾标准溶液的体积（V_0）。

五、结果分析

$$\text{单宁含量（\%）} = \frac{C \times (V_1 - V_0) \times 0.0416}{W} \times 100$$

式中　C——高锰酸钾标准溶液的浓度，mol/L；

V_1——样品滴定消耗高锰酸钾标准溶液的体积，mL；

V_0——空白滴定消耗高锰酸钾标准溶液的体积，mL；

0.0416——换算系数，1 mmol 高锰酸钾所能氧化的中国单宁的量，g；

W——10 mL 样品试液相当于样品的质量，g。

六、注意事项

（1）单宁是一种复杂的混合物，无法用准确的分子式表示，故测定结果用经验数据代入计算，即 1 mmol 高锰酸钾标准溶液相当于中国单宁的量（0.0416 g）。

（2）因为被滴定溶液的体积较大，指示剂用量较多，而靛红本身是一种还原性物质，能消耗高锰酸钾溶液。此外，试样中也可能还存在其他能被高锰酸钾氧化的有机物，因此必须进行空白实验，即用活性炭吸附单宁后，再用高锰酸钾溶液滴定，从试液吸附前后所消耗高锰酸钾溶液的体积之差来计算样品中的单宁含量。

实验十六　果实硬度的测定

一、实验目的

（1）掌握硬度计测定果实硬度的使用方法。
（2）根据硬度变化评价果实成熟度和品质。

二、基本原理

果实硬度是衡量果实成熟度和贮藏品质的重要指标之一。在果实成熟、衰老过程中，果实硬度逐渐降低。通过测定果实的硬度，可以了解果实的成熟程度或后熟软化程度，从而确定果实的品质变化特点，以正确指导果蔬的贮藏实践。

果实硬度是指单位面积果实所能承受测力弹簧的压力，单位为 N/cm^2 或 kg/cm^2（现在国家统一使用 kg/cm^2 表示硬度值）。常用果实硬度计（图 1-3）来测定各类果实的硬度。

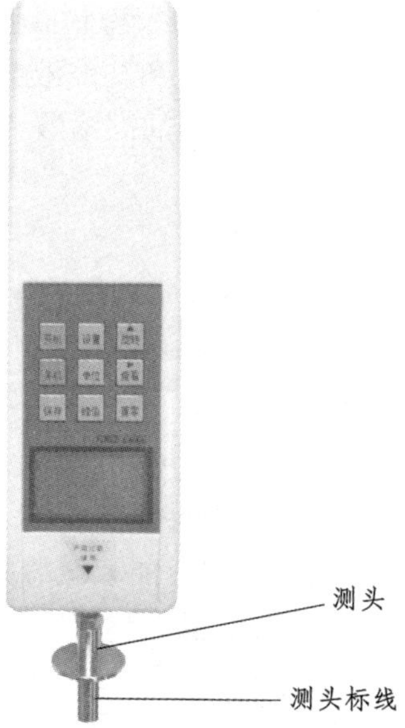

图 1-3　GY-4 型果实硬度计

三、材料及器具

1. 材　料

苹果、猕猴桃、番茄、葡萄等果蔬产品。

2. 器　具

小刀、GY-4 数显果实硬度计。

四、步骤与方法

（1）取果实 10 个，在其赤道部位对应两面薄薄地削掉 1 cm^2 的果皮（厚约 2 mm），尽可能少损伤果肉，每个果实测相对应的 2 ~ 3 个点。

（2）按“开机”键打开果实硬度计电源（这里以 GY-4 数显果实硬度计为例），待显示屏显示为稳定后，按“峰值”进入峰值测量模式，按“置零”键将果实硬度计置零，将测头对准待测部位使之垂直于被测果实表面。

（3）匀速缓慢地将测头压入果肉中，直至压到测头标线位置（压入 10 mm）时停止，读取显示屏上的读数，即为果实的硬度值。

五、注意事项

（1）需根据果实种类的不同而选择不同直径的测头，直径小的测头（Φ8 mm）适用于测定苹果、梨等硬度较高的水果，直径大的测头（Φ11 mm）适用于测定草莓、葡萄等硬度较低的水果。当选用直径为 11 mm 的测头时，仪器显示的硬度值即实际水果硬度值；用直径为 8 mm 的测头时，仪器显示硬度值的两倍就是实际水果硬度值。

（2）加压力时，用力要均匀，不可转动压入，也不能用猛力压入。

（3）果实的各个部位硬度不同，所以，测定各处理果实硬度时，必须采用同一部位才有可比较性。

（4）除果实硬度计以外，果蔬硬度测定还可以选用质构仪等质地分析仪器进行测定，通过此类仪器，还可以获得更多质地特征参数如脆性、黏着性、咀嚼性等。

六、思考题

果实硬度计测头截面直径对测定结果有怎样的影响？

实验十七　果胶物质含量的测定

一、实验目的

掌握咔唑比色法测定果蔬组织中果胶含量的原理和方法。

二、基本原理

果胶物质即多聚半乳糖醛酸，是一种植物胶，主要是由 D-半乳糖醛酸以α-1, 4-糖苷键连接形成的直链状聚合物，部分 D-半乳糖醛酸上的羧基被甲醇酯化而形成甲酯。果胶物质是广泛存在于果蔬组织中的多糖物质，在未成熟果实中，果胶物质与纤维素结合以原果胶的形式存在。原果胶是一种非水溶性的物质，它的存在能够使果实更脆硬。随着果实成熟，果胶物质逐渐与纤维素分离开形成易溶于水的果胶，果实组织就变得松弛，果实硬度下降。果胶在果胶酶作用下进一步变成果胶酸，果胶酸无黏性，不溶于水，果实发生软烂。因此，在贮藏过程中常测定非水溶性果胶和水溶性果胶来反映果胶的变化。

测定果胶含量的方法有重量法、咔唑比色法和果胶酸钙滴定法等，常用的方法是咔唑比色法。不同果胶物质水解生成半乳糖醛酸，在强酸中与咔唑发生缩合反应，生成紫红色物质，对其紫红色溶液进行比色定量测定。紫红色物质颜色的深浅与半乳糖醛酸浓度成正比，颜色在反应 1 ~ 2 h 呈现最深，然后开始褪色，当颜色最深时在 530 nm 波长处测定吸光度，然后从标准曲线中计算样品的果胶含量。

三、材料、器具及试剂

1. 材　料

青菜头、山楂等果蔬产品。

2. 器　具

具塞刻度试管（25 mL）、研钵或匀浆机、烧杯、三角瓶、容量瓶（100 mL、1000 mL）、离心管（50 mL）、水浴锅、电子天平、离心机、分光光度计等。

3. 试　剂

（1）1.5 g/L 咔唑-乙醇溶液：称取 0.15 g 咔唑，加入无水乙醇溶解并稀释至 100 mL。

（2）100 μg/mL 半乳糖醛酸标准液：称取 10 mg 半乳糖醛酸（相对分子质量为 194），用蒸馏水溶解，定容至 100 mL。

（3）浓硫酸（分析纯）。

（4）95%乙醇：量取 95 mL 无水乙醇，用蒸馏水稀释至 100 mL。

（5）0.5 mol/L 硫酸溶液：吸取 27.1 mL 浓硫酸，用蒸馏水稀释至 1000 mL。

四、步骤与方法

（一）制作标准曲线

取 6 支 25 mL 具塞刻度试管，依次编号，按表 1-7 加入半乳糖醛酸标准液和蒸馏水，然后小心地沿管壁加入 6 mL 浓硫酸，沸水浴中加热 20 min，取出冷却至室温，向各管再加入 0.2 mL 1.5 g/L 的咔唑-乙醇溶液，摇匀，黑暗处放置 1 h 后，以 0 号管为空白调零，于 530 nm 波长下测定吸光度。以半乳糖醛酸质量（μg）为横坐标、吸光度为纵坐标，绘制标准曲线。

表 1-7　测定果胶物质含量的标准曲线绘制

项目	管号					
	0	1	2	3	4	5
100 μg/ mL 半乳糖醛酸标准液体积/mL	0	0.2	0.4	0.6	0.8	1.0
蒸馏水体积/mL	1.0	0.8	0.6	0.4	0.2	0
相当于半乳糖醛酸质量/μg	0	20	40	60	80	100

（二）样品提取

1. 可溶性果胶的提取

称取 1 g 果蔬组织样品，匀浆，转入 100 mL 三角瓶中，加入 25 mL 95%乙醇，沸水浴加热 30 min，以除去样品中糖类、色素等物质（注意在煮沸过程中要及时补加 95%乙醇溶液）。取出冷却至室温后转移到离心管中，于 10 000g 条件下离心 10 min，弃去上清液。再加入 95%乙醇，沸水浴加热，如此重复 3～5 次。然后向沉淀中加入 20 mL 蒸馏水，摇匀，在 50 °C 水浴中保温 30 min，使可溶性果胶溶解。取出冷却至室温，于 10 000g 条件下离心 10 min，将上清液移入 100 mL 容量瓶中，用少量水洗涤沉淀，再次离心后一并将上清液移入容量瓶中，加水定容至刻度，得可溶性果胶测定液。

2. 原果胶的提取

经蒸馏水洗涤后的沉淀物放入原三角瓶，加入 25 mL 0.5 mol/L 硫酸溶液，沸水浴中加热 1 h，使原果胶水解。取出冷却至室温后转移到离心管中，于 10 000g 条件下离心 10 min，将上清液移入 100 mL 容量瓶中，加水定容至刻度，得原果胶测定液。

3. 样品测定

吸取 1 mL 提取液，加入 25 mL 刻度试管中，按标准曲线的操作步骤进行测定。

五、结果分析

根据样品提取液的吸光度，在标准曲线上查出相应的半乳糖醛酸质量，计算果蔬组织中的果胶含量，以生成半乳糖醛酸的质量分数（%）表示。计算公式如下：

$$\text{半乳糖醛含量（\%）} = \frac{C \times V_t}{W \times V_s \times 10^6} \times 100$$

式中　C——标准曲线上查得的半乳糖醛酸质量，μg；

V_t——样品提取液总体积，mL；

W——称取的样品质量，g；

V_s——测定时吸取的样品液体积，mL。

果胶含量（%）=原果胶含量（%）+可溶性果胶含量（%）

原果胶与可溶性果胶含量都按上述公式计算，样品提取液总体积按各自最后定容的体积计算。

六、注意事项

（1）糖分存在会干扰咔唑的呈色反应，使结果偏高，故提取果胶前需用乙醇多次蒸煮以完全除去样品中的糖分及其他杂质。

（2）硫酸的纯度对咔唑的呈色反应有很大的影响，故必须用分析纯的硫酸。

（3）在加入95%乙醇溶液后的几次煮沸过程中，应随时观察，及时补加乙醇溶液。

（4）当果胶含量较高时，应对提取液进行稀释后再进行测定。

第二章 果蔬采后贮藏生理实验

实验一 果蔬呼吸强度的测定

一、实验目的

（1）通过测定果蔬的呼吸强度衡量其呼吸作用强弱，了解果蔬采后的生命活动状态。

（2）掌握碱液吸收法测定果蔬呼吸强度的方法。

二、基本原理

呼吸作用是果蔬采收后重要的生理活动，是影响贮藏运输效果的主要因素。测定呼吸强度可衡量呼吸作用强弱，了解果蔬产品采后生理状态，为低温和气调贮藏及呼吸热计算提供必要的数据。

果蔬通过呼吸作用释放的 CO_2 可以利用过量的碱液进行吸收，然后向碱液中加入氯化钡将吸收的 CO_2 固定下来，再用草酸滴定剩余的碱液，最后根据草酸的消耗量即可计算出果蔬在呼吸过程中释放的 CO_2 的量，求出呼吸强度。呼吸强度可用单位时间内每千克果蔬在呼吸过程中释放出的 CO_2 的量表示，反应过程如下：

$$2NaOH+CO_2 \longrightarrow Na_2CO_3+H_2O$$

$$Na_2CO_3+BaCl_2 \longrightarrow BaCO_3\downarrow+2NaCl$$

$$2NaOH+H_2C_2O_4 \longrightarrow Na_2C_2O_4+2H_2O$$

本实验采用碱液吸收法进行测定，碱液吸收法可分为气流法和静置法两种。气流法设备较复杂，但结果准确；静置法简便，但准确性较差。

三、材料、器具及试剂

1. 材　料

苹果、柑橘、黄瓜等果蔬产品。

2. 器　具

吸收管、滴定管架、铁夹、容量瓶（1000 mL、100 mL）、滴定管（25 mL）、三角瓶（150 mL）、培养皿（Φ15 cm）、烧杯、小漏斗、移液枪或移液管（10 mL）、橡胶管、洗耳球、试纸、真空干燥器、大气采样器、台秤等。

3. 试　剂

（1）0.4 mol/L NaOH 溶液：称取 16 g 氢氧化钠，用蒸馏水溶解并定容至 1000 mL。

（2）0.1 mol/L 草酸溶液：称取 9.003 g 草酸，用蒸馏水溶解并定容至 1000 mL。

（3）饱和 $BaCl_2$ 溶液：称取大约 30 g 氯化钡溶于 100 mL 蒸馏水中（20 °C 时氯化钡在

100 mL 水中的溶解度为 26.4 g，30 °C 时为 27.7 g，可按照室温配制）。

（4）1%酚酞指示剂：称取 1 g 酚酞，用 100 mL 95%乙醇溶液溶解。

（5）凡士林。

（6）钠石灰。

（7）正丁醇。

四、步骤与方法

（一）气流法

气流法的特点是果蔬处在气流通畅的环境中进行呼吸，比较接近自然状态，因此，可以在恒定的条件下进行较长时间的多次连续测定。测定时使不含 CO_2 的气流通过果蔬呼吸室，将产品呼吸时释放的 CO_2 带入吸收管，被管中定量的碱液吸收，经一定时间后取出碱液，用草酸滴定，根据反应关系式计算出 CO_2 量。具体操作过程如下：

1. 检查气密性

按图 2-1（暂时不串接吸收管）用导管连接好钠石灰瓶、20% NaOH 瓶、呼吸室、安全瓶（空气净化瓶）和大气采样器，检查气密性，使之不出现漏气现象。开动大气采样器中的空气泵，如果在装有 20% NaOH 溶液的净化瓶中有连续不断的气泡产生，说明整个系统的气密性良好，否则应检查各接口是否漏气。

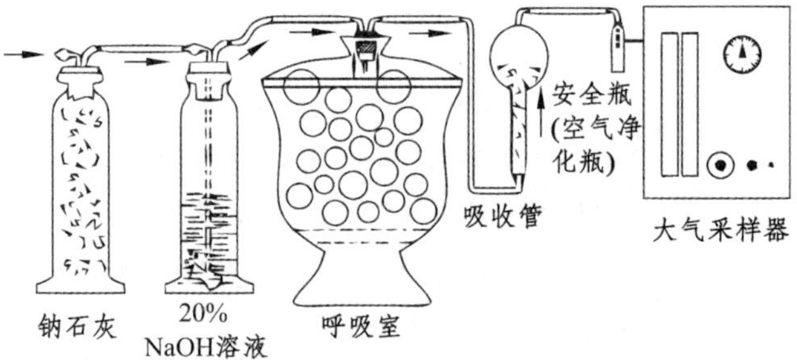

图 2-1　气流法测定果蔬呼吸强度装置示意图

2. 呼吸室平衡

用台秤称取 1 kg 左右果蔬材料，放入呼吸室，先将呼吸室与安全瓶连接，拨动开关，将空气流量调在 0.4 L/ min，将定时钟旋钮按反时针方向转到 30 min 处，先使呼吸室抽空平衡 30 min，然后准备连接吸收管开始正式测定。

3. 空白滴定

用移液管吸取 10 mL 0.4 mol/L NaOH，放入 1 支吸收管中，加 1 滴正丁醇，稍加摇动之后再将其中的碱液毫无损失地移到三角瓶中，用煮过的蒸馏水冲洗 5 次，直至显示中性为止。加 5 mL 饱和 $BaCl_2$ 溶液和 2 滴酚酞指示剂，然后用 0.1 mol/L 草酸溶液滴定至粉红色消失即为终点。记下滴定量，重复 3 次，取平均值，即为空白滴定量（V_1）。如果两次滴定相差超过 0.1 mL，必须重新滴定 1 次。同时取另 1 支吸收管装好同量碱液和 1 滴正丁醇，安装在大气采样器的管架上，准备吸收来自呼吸室的 CO_2。

4. 样品滴定

当呼吸室抽气 30 min 后，立即接上吸收管，把定时针重新转到 30 min 处，调整流量保持 0.4 L/min。待样品测定 30 min 后，取下吸收管，将碱液完全移入三角瓶中，加入 5 mL 饱和 $BaCl_2$ 溶液和 2 滴酚酞指示剂，然后用 0.1 mol/L 草酸溶液滴定，操作同空白滴定，记下滴定量（V_2）。

（二）静置法

静置法比较简单，不需要特殊设备。测定时将样品置于干燥器中，干燥器底部放入定量碱液，果蔬产品呼吸释放的 CO_2 自然下沉而被碱液吸收，静置一定时间后取出碱液，用草酸滴定，即可求出样品的呼吸强度。具体操作过程如下：

用移液枪或移液管吸取 10 mL 0.4 mol/L NaOH 溶液放入培养皿中，将培养皿放到真空干燥器（呼吸室）底部，放置隔板，装入 1 kg 左右果蔬材料，然后封盖，密闭 30 min 后取出培养皿，将碱液移入三角瓶中（冲洗 3 ~ 4 次，直至用试纸测定时显示中性为止），加入 5 mL 饱和 $BaCl_2$ 和 2 滴酚酞指示剂，用 0.2 mol/L 草酸溶液滴定，用同样方法作空白滴定。

五、结果分析

呼吸强度以每小时每千克果蔬释放的 CO_2 的质量表示。计算公式如下：

$$\text{呼吸强度}[\text{mg}/(\text{kg}\cdot\text{h})]=\frac{(V_1-V_2)\times C\times 22}{W\times t}$$

式中　C ——草酸溶液的摩尔浓度，mol/L；

V_1 ——空白滴定时草酸溶液的用量，mL；

V_2 ——样品滴定时草酸溶液的用量，mL；

W ——称取的样品质量，kg；

t ——测定时间，h；

22 ——1/2 CO_2 的摩尔质量，g/mol（=44/2，44 为 CO_2 的摩尔质量，2 指吸收过程中消耗 2 mol NaOH 相当于吸收 1 mol CO_2 的量）。

六、注意事项

（1）在利用碱液吸收法对果蔬呼吸强度进行测定时，应在玻璃干燥器的磨口处涂上凡士林，通过滑动玻璃盖，使容器保持较好的密封性。

（2）在利用静置法对果蔬呼吸强度进行测定时，密闭时间不宜过长，以免果蔬因过多地消耗密闭空间内的氧气而导致发生无氧呼吸，从而使实验结果出现偏大的误差。

（3）果蔬材料的成熟度、机械损伤情况、有无病虫害等对呼吸强度的测定具有一定影响，因此，比较两种不同果蔬呼吸强度大小时，应尽量选择成熟度整齐一致、无机械伤口及病虫害的样品。

七、思考题

分析利用静置法测定果蔬呼吸强度时，果蔬密闭时间变化对测定结果的影响。

实验二　乙烯含量的测定

一、实验目的

（1）了解乙烯的生理作用。

（2）掌握气相色谱法测定果蔬乙烯的原理及方法。

二、基本原理

乙烯是重要的植物内源激素之一，以气体的形式存在，参与和调节果蔬成熟、衰老与逆境伤害等生理过程。准确测定乙烯的含量，对研究果蔬采后的生理生化变化有着重要的意义。

气相色谱具有灵敏度高、稳定性好等优点。色谱仪的分离系统包括固定相和流动相。由于固定相和流动相对各种物质的吸附或溶解能力不同，因此各物质的分配系数（或者吸附能力）不一样。当含混合物的待测样（含乙烯的混合气）进入固定相以后，不断通入载气（流动相，通常为 N_2或者 H_2），在载气的带动下，待测物不断地再分配，最后，按照分配系数大小顺序依次被分离，并进入检测系统得到检测。检测信号的大小反映出物质含量的多少，在记录仪上就呈现出色谱图。要使待测物得到充分的分离，就需要一种合适的固定相。乙烯往往与乙炔、乙烷难以分离，而采用 GD×502 作为固定相则会有比较满意的效果。

三、材料、器具及试剂

1. 材　料

苹果、香蕉、番茄等果蔬产品。

2. 器　具

玻璃管、橡胶管、量筒、注射器、台秤、真空干燥器、气相色谱仪等。

3. 试　剂

标准乙烯。

四、步骤与方法

1. 材　料处理

（1）在真空干燥器盖顶橡胶塞内插入一支玻璃管，使其末端深入干燥器内部。玻璃管露出干燥器外的一端连接一段长 10 ~ 15 cm 的橡胶管，顶端开口处用棉线扎紧。检查各接口的气密性。并用排水法测定干燥器内部体积。

（2）取待测果蔬材料 1 kg 左右，置于真空干燥器中密闭一段时间（约 1 h），以搜集待测气样。

2. 启动色谱仪

（1）检测仪器各部件是否复位，若没有，则需要复位。

（2）打开流动相（N_2），将压力调至 5 kg/cm^2。打开仪器上的 N_2 阀，将流速调至 25 m/min（管道 1、2 相同）。

（3）打开仪器电源。

（4）调节柱温至 60 °C，将进样口温度调至 100 °C（乙烯为气体，进样口温度不需太高）。

（5）打开点火装置电源及空气压缩机开关，调节适当的量程和衰减（关机时，量程应打至 1，衰减为∞）。

（6）打开钢瓶氢气阀，调压力为 1 kg/cm^2（两管道一样），同时将空气压力调至 0.5 kg/cm^2。打开记录仪电源，选择适当的输出电压（10 mV）和适当的走纸速度（10 nm/min）。

（7）点火：空气和氢气调好后，将选择键打到 ON 位置。按点火键 10 s 左右，氢气即可在燃烧室燃烧。

（8）条件选择：将选择键打到 2，并将空气压力调至 1 kg/cm^2，氢气调至 0.5 ~ 0.7 kg/cm^2（两管道相同）。待基线稳定后即可正式测定。

3. 测　定

（1）取一定浓度（μL/L，以 N_2 作为稀释剂），一定量（100 ~ 1000μL）的标准乙烯进样，并注意出峰时间。待乙烯峰至顶端时即为乙烯的保留时间，重复 3 ~ 4 次，得到平均值。该平均值即作为样品中乙烯定性的依据之一。

（2）将注射器排净空气，刺入连接真空干燥器的橡胶管抽取同样量的待测样品，注入色谱柱（进样）。待样品峰全部出完后，即可测定下一个样品。

（3）定性。

① 外标法定性：样品中与标准乙烯保留时间相同的峰，即为样品乙烯峰。

② 内标法定性：在得到某一样品的色谱图后，向该样品中加入一定量的标准乙烯进样，若某峰增高，该峰即为样品中的乙烯峰。

4. 关　机

待得到所有样品色谱图后，按如下步骤关机：

（1）关掉氢气总阀或氮气总阀；

（2）关掉空气压缩机；

（3）将量程或衰减复位，选择键打到 OFF；

（4）关掉记录仪；

（5）待 H_2、N_2 全部排完后，将所有阀复位；

（6）关主机电源，并拔下插头。

五、结果分析

$$\text{样品中乙烯浓度（μL/L）}=\frac{\text{样品峰高}\times\text{标样浓度}}{\text{标准峰高}}$$

$$\text{样品乙烯生成速率}[\mu L/(g\cdot h)]=\frac{\text{乙烯浓度（μL/L）}\times\text{干燥器体积（L）}}{\text{样品质量（g）}\times\text{密闭时间（h）}}$$

六、注意事项

（1）注意氢气瓶的安全，使用前先检测氢气瓶的阀门、减压阀是否漏气或者安装氢气监测装置。

（2）干燥器的体积应与装入的果蔬材料相当，不宜过大。

七、思考题

查阅资料，思考除书中提及的气体样品收集方法以外，还有哪些取气方法，分别适用于什么样的待测对象及实验条件？

实验三 丙二醛含量的测定

一、实验目的

（1）了解丙二醛（MDA）的产生及积累与果蔬生理代谢的关系。

（2）掌握分光光度法测定 MDA 含量的原理及方法。

二、基本原理

果蔬在遭受冷害、衰老等非生物胁迫或病害等生物胁迫时，细胞中往往过量积累超氧阴离子等活性氧，进而诱发膜脂发生过氧化作用，导致细胞膜透性增加，细胞损伤或死亡。丙二醛（MDA）是膜脂过氧化作用的主要产物之一，因此可以通过测定 MDA 的含量来了解细胞的膜脂过氧化程度，以间接评估果蔬经历逆境时的膜系统受损程度及其抗逆性。

MDA 在酸性条件下加热可与硫代巴比妥酸（TBA）产生显色反应，反应产物为粉红色的 3, 5, 5-三甲基噁唑-2, 4-二酮，该物质在 532 nm 波长下有最大光吸收，在 600 nm 波长下有较小光吸收。由于糖、醛等其他物质也可与 TBA 发生显色反应，产物在 450 nm 波长下有一吸收峰，因此，可采用双组分分光光度法消除干扰。

三、材料、器具及试剂

1. 材 料

经逆境处理后的果蔬产品。

2. 器 具

研钵、移液器、具塞试管（20 mL）、离心管（2 mL）、狭缝微量比色皿（1.05 mL）、离心机、水浴锅、电子天平、分光光度计等。

3. 试 剂

（1）5%三氯乙酸：称取 10 g 三氯乙酸（用烧杯称取），用蒸馏水溶解并定容至 200 mL。

（2）0.5% TBA：称取 0.5 g 硫代巴比妥酸，用 5%三氯乙酸加热溶解，再用 5%三氯乙酸定容至 100 mL（现配现用）。

四、步骤与方法

1. 样品提取

称取 0.5 g 果蔬样品，加入 5 mL 5%三氯乙酸溶液，研磨成匀浆后，于 4 °C、10 000*g* 条件下离心 10 min，收集上清液，低温保存备用。

2. 样品测定

取 1 mL 上清液（对照空白管用 1 mL 5%三氯乙酸溶液代替样品提取液），加入

1 mL 0.5%TBA 溶液，混匀，沸水浴中煮沸 20 min，立即用冰水冷却至室温。将反应液全部转移至 2 mL 离心管中，于常温、8000*g* 条件下离心 10 min，上清液在 532 nm、600 nm 和 450 nm 处测定吸光度。

五、结果分析

$$丙二醛含量（\mu mol/g）=\frac{[6.452\times(A_{532}-A_{600})-0.559\times A_{450}]\times V_t}{W\times V_s}$$

式中 V_t——样品提取液总体积，mL；

V_s——测定时吸取的样品液体积，mL；

W——称取的样品质量，g。

六、注意事项

（1）若待测液浑浊，可适当增加离心力及时间。

（2）果蔬中可溶性糖含量较高，测定果蔬样品时一定要排除可溶性糖的干扰。

（3）测定时，需在同一台分光光度计上测定 532 nm、600 nm 和 450 nm 处的吸光值。

七、思考题

如果在测定过程中发现计算的结果为负数，试分析造成这种现象的原因。

实验四　细胞膜透性的测定

一、实验目的

（1）了解细胞膜透性变化的原理。

（2）掌握电导率仪测定细胞膜透性的原理及方法。

二、基本原理

细胞膜具有选择透过性功能，对维持细胞的微环境和正常的代谢起着重要的作用。但果蔬在衰老进程和遭受各种逆境危害时，细胞质膜功能活性下降，膜通透性增加，出现细胞内电解质向外渗漏。若将受伤害的组织浸入去离子水中，其外渗液中电解质的含量比正常组织外渗液中电解质的含量有所增加。组织受伤害越严重，电解质含量增加越多。用电导率仪测定果蔬组织外渗液电导率的变化，可以了解果蔬组织细胞膜透性的变化，反映其细胞膜受伤害的程度。

三、材料、器具及试剂

1. 材　料

低温等逆境处理过的果蔬产品。

2. 器　具

打孔器、大试管、镊子、切片器（或刀片）、电子天平、真空泵、真空干燥器、水浴锅、电导率仪等。

3. 试　剂

去离子水。

四、步骤与方法

1. 清洗用具

由于电导仪变化非常灵敏，稍有杂质即产生很大误差。因此所用玻璃器具均需要先用洗液洗涤，再用自来水、去离子水各冲洗 3 ~ 5 遍，干燥备用。

2. 取样及处理

（1）对于叶类蔬菜，直接用打孔器打取相同大小的圆片（直径约 1 cm）。对于果实，先用打孔器横向打取果实组织，再用切片器或锋利的刀片将果实组织切成相同厚度（约 2 mm）的薄片。

（2）称取 2 g 叶肉或果肉圆片（或选取 10 ~ 20 个相同数目的圆片），放入大试管中，用去离子水冲洗 3 次，然后加入 20 mL 去离子水。对照和处理均设 3 个重复。

（3）将大试管放入真空干燥器中，开动真空泵抽气 10 min，以抽出细胞间隙空气。然后缓慢放入空气，水即渗入细胞组织中而使圆片下沉。取出大试管，间隔 2 ~ 3 min 振荡一次，室温下保持 30 min。

3. 测　定

（1）将电导率仪插入大试管中，测定溶液的电导值（L_1）。

（2）测定完成后，将大试管放入沸水中煮沸 5 min 以杀死组织，待冷却至室温后，补充蒸发掉的去离子水至 20 mL，再次测定试管中溶液的电导值（L_2）。

五、结果计算

以细胞膜相对透性大小表示细胞受害的程度，计算公式如下：

$$\text{细胞膜相对透性}\ (\%) = \frac{L_1}{L_2} \times 100$$

式中　L_1——叶肉（果实）组织杀死前外渗液的电导值；

L_2——叶肉（果实）组织杀死后外渗液的电导值。

六、注意事项

（1）电导率变化非常灵敏，因此组织圆片接触的所有用具都必须绝对洁净，不要用手直接接触叶片或果实组织以免污染。

（2）每次测定完成后，都需要用去离子水将电极清洗干净，滤纸擦干水分后再进行下一次测定。

（3）温度对溶液电导率的影响很大，必须在相同温度下测定活组织和杀死后组织的电导率。

七、思考题

测定果蔬组织外渗液电导值时，为什么要对材料进行真空渗入？

实验五　超氧化物歧化酶（SOD）活性的测定

一、实验目的

（1）了解超氧化物歧化酶（SOD）在果蔬体内的生理作用。

（2）掌握 SOD 活性测定的原理及方法。

二、基本原理

超氧化物歧化酶（SOD）是生物体内普遍存在的一种抗氧化含金属辅基的酶，包括 Mn-SOD、Cu/Zn-SOD 和 Fe-SOD 三种类型。它能够催化超氧阴离子自由基歧化生成氧和过氧化氢，在机体氧化与抗氧化平衡中起到至关重要的作用，是果蔬体内重要的保护酶之一，与果蔬衰老、抗逆性等密切相关。测定 SOD 酶活性在研究果蔬衰老和抗逆机制中具有重要意义。

测定 SOD 活性最常用的方法是氮蓝四唑（NBT）光还原法。该方法依据 SOD 抑制 NBT 在光下的还原作用来确定酶活性的大小。在有氧物质存在下，核黄素可被光还原，被还原的核黄素在有氧条件下极易再氧化而产生 O_2^-，可将 NBT 还原为蓝色的甲腙，后者在 560 nm 处有最大光吸收。而 SOD 可清除 O_2^-，从而抑制了甲腙的形成。于是光还原反应后，反应液蓝色越深，说明酶活性越低；反之酶活性越高。

三、材料、器具及试剂

1. 材　料

西瓜、油麦菜等果蔬产品。

2. 器　具

移液枪、容量瓶（100 mL、1000 mL）、研钵、试管、黑布、锡箔纸、狭缝微量比色皿（1.05 mL）、光照培养箱、高速冷冻离心机、分光光度计。

3. 试　剂

（1）50 mmol/L 磷酸缓冲液（pH 7.8）：配制方法见附录 B。

（2）65 mmol/L 甲硫氨酸（Met）溶液：称取 0.96989 g Met，用 50 mmol/L 磷酸缓冲液（pH 7.8）溶解并定容至 100 mL，避光保存。

（3）500 μmol/L 氮蓝四唑（NBT）溶液：称取 0.04099 g NBT，用 50 mmol/L 磷酸缓冲液（pH 7.8）溶解并定容至 100 mL，避光保存。

（4）1 mmol/L EDTA-Na_2 溶液：称取 0.18612 g EDTA-Na_2，用蒸馏水加热溶解后定容至 500 mL。

（5）100μmol/L 核黄素：0.0075 g 核黄素用蒸馏水溶解并定容至 200 mL。现用现配，避光保存。

（6）提取缓冲液[50 mmol/L 磷酸缓冲液（pH 7.8），含 1%（*m*/*V*）乙烯吡咯烷酮（PVP）和 0.1 mmol/L EDTA-Na_2]：称取 37.2 mg EDTA-Na_2 和 10 g PVP，用 50 mmol/L 磷酸缓冲液（pH 7.8）溶解并定容至 1000 mL。

四、步骤与方法

1. 样品提取

称取 0.5 g 果蔬样品，置于预冷的研钵中，加 2 mL 预冷的提取缓冲液，冰上研磨匀浆，将匀浆全部转移至离心管中，用提取缓冲液冲洗研钵 2 次（每次 3 mL）。于 4 °C、12 000*g* 条件下离心 15 min，上清液即为酶提取液（可低温保存备用）。

2. 样品测定

（1）取透明度好、质地相同的玻璃试管 7 支，其中暗中对照（调零）管 1 支、光下对照管 3 支、测定管 3 支，编号，按表 2-1 加入反应显色试剂。

表 2-1　测定 SOD 活性的反应显色液配制

试剂体积/μL	暗中对照管	光下对照管			测定管		
	1	2	3	4	5	6	7
50 mmol/L 磷酸缓冲液	590	590	590	590	570	570	570
65 mmol/LMet 溶液	100	100	100	100	100	100	100
1 mmol/L EDTA-Na_2 溶液	10	10	10	10	10	10	10
500 μmol/L NBT 溶液	100	100	100	100	100	100	100
酶提取液	0	0	0	0	20	20	20
100 μmol/L 核黄素（启动反应）	200	200	200	200	200	200	200

（2）1 号试管加入核黄素后，将调零管用锡箔纸包好，罩上黑布，然后将所有试管放在 5000 Lux 光强下反应 20 min（要求各管受光均匀一致，视光下对照管的反应颜色和酶活性的高低适当调整反应时间），反应结束后用黑布遮住所有试管终止反应。以暗中对照管作为空白调零，在 560 nm 下测定 2 ~ 7 号管的吸光度。

五、结果分析

以每分钟每克果蔬样品的反应体系抑制蓝色形成的 50%为一个酶活性单位（U），计算公式如下所示：

$$\text{SOD活性}[\text{U}/(\text{g}\cdot\text{min})]=\frac{(A_{\text{ck}}-A)\times V_{\text{t}}}{0.5\times A_{\text{ck}}\times W\times V_{\text{s}}\times t}$$

式中　A_{ck}——光下对照管的吸光度；

A——样品测定管的吸光度；

V_{t}——样品提取液总体积，mL；

V_{s}——样品测定液总体积，mL；

W——称取的样品质量，g；

t——光照反应时间，min。

六、注意事项

（1）显色反应过程中要随时观察光下对照管的颜色变化，当 A_{ck} 达到 0.6 ~ 0.8 时即可终止反应。

（2）当光下对照管反应颜色达到要求的程度时，测定管未显色或颜色过浅，说明酶对 NBT 的光还原抑制作用过强，应对酶液进行适当稀释后再显色，以能抑制显色反应的 50%为最佳。

七、思考题

在 SOD 测定时为什么要设置照光和不照光两种对照管？

实验六 过氧化氢酶（CAT）活性的测定

一、实验目的

（1）了解过氧化氢酶（CAT）在果蔬采后生理中的作用。

（2）掌握 CAT 活性测定的原理和方法。

二、基本原理

过氧化氢酶（CAT）普遍存在于果蔬组织中，是重要的抗氧化保护酶之一。其作用是清除植株体内过量积累的 H_2O_2，以避免 H_2O_2 对细胞造成氧化伤害。因而其活性的高低与果蔬的抗逆性、抗衰老能力等密切相关。

H_2O_2 对 240 nm 波长的紫外光具有强吸收作用，CAT 能催化 H_2O_2 分解为 H_2O 和 O_2，因此在反应体系中加入 CAT，会使反应液的吸光度（A_{240}）随反应时间而降低，根据 A_{240} 的变化速率可计算出 CAT 的活性。

三、材料、器具及试剂

1. 材　料

苹果、梨、白菜等果蔬产品。

2. 器　具

移液枪、容量瓶（100 mL、1000 mL）、离心管（10 mL、2 mL）、研钵、狭缝微量比色皿（1.05 mL）、分析天平、紫外分光光度计、高速冷冻离心机等。

3. 试　剂

（1）50 mmol/L 磷酸缓冲液（pH 7.0）：配制方法见附录 B。

（2）50 mmol/L H_2O_2 溶液：吸取 500 μL 30% H_2O_2，用 50 mmol/L 磷酸缓冲液（pH 7.0）定容至 100 mL，现用现配。

（3）提取缓冲液[50 mmol/L 磷酸缓冲液（pH 7.0），含 1%（m/V）乙烯吡咯烷酮（PVP）和 0.1 mmol/L EDTA-Na_2]：称取 37.2 mg EDTA-Na_2 和 10 g PVP，用 50 mmol/L 磷酸缓冲液（pH 7.0）溶解并定容至 1000 mL。

四、步骤与方法

1. 样品提取

称取 0.5 g 果蔬样品，置于预冷的研钵中，加入 2 mL 预冷的提取缓冲液，冰浴研磨，将匀浆全部转移至离心管中，用提取缓冲液冲洗研钵 2 次（每次 3 mL）。于 4 °C、12 000g 条件下离心 15 min，上清液即为酶提取液，低温保存备用。

2. 样品测定

取 2 mL 离心管，向管中加入 780 μL 50mmol/L 磷酸缓冲液（pH 7.0）和 20 μL 酶液，再向管中加入 200 μL 50 mmol/L H_2O_2 溶液启动反应，立即摇匀倒入比色皿中，以时间扫描方式，在反应第 5 s 时开始记录 A_{240} 在 5 ~ 65 s 内的变化。空白对照管用 20 μL 提取缓冲液代替 20 μL 酶液，同样加入 780 μL 50 mmol/L 磷酸缓冲液（pH 7.0）和 200 μL 50 mmol/L H_2O_2 溶液，摇匀后调零。

五、结果分析

以每克果蔬样品每分钟吸光度减少 0.01 定义为一个酶活力单位(U)，计算公式如下所示：

$$\text{CAT活性}[\mathrm{U/(g \cdot min)}] = \frac{\Delta A_{240} \times V_t}{0.01 \times W \times V_s \times t}$$

式中　ΔA_{240}——A_{240} 在 5 ~ 65 s 内的变化值；

V_t——样品提取液总体积，mL；

V_s——样品测定液总体积，mL；

W——称取的样品质量，g；

t——反应时间，min。

六、注意事项

测定时应根据样品的酶活性高低而调整酶提取液的加入量，以保证分光光度计的读数在其测量量程内。

七、思考题

影响 CAT 活性测定的因素有哪些？

实验七 过氧化物酶（POD）活性的测定

一、实验目的

（1）了解过氧化物酶（POD）的生理作用。

（2）掌握愈创木酚法测定果蔬组织中 POD 活性的方法。

二、基本原理

过氧化物酶（POD）是果蔬体内普遍存在且活性较高的一种保护酶。该酶催化以 H_2O_2 为氧化剂的氧化还原反应，在氧化其他物质的同时，将 H_2O_2 还原为 H_2O，以清除细胞过量积累的 H_2O_2。POD 与果蔬的许多生理过程和生化代谢过程都有密切关系，在果蔬的生长发育、成熟衰老过程和抗病、抗氧化、抗逆境胁迫中，POD 活性不断发生变化。因此测定 POD 活性可以间接反映某一时期果蔬体内的代谢强度及抗逆性强弱。

POD 催化下，H_2O_2 将愈创木酚氧化成茶褐色产物 4-邻甲氧基苯酚。此产物在 470 nm 处有最大光吸收，该生成物颜色的深浅与其浓度成线性关系，因此可通过监测 470 nm 下的吸光值变化而计算出 POD 活性。

三、材料、器具及试剂

1. 材　料

梨、甘蓝等果蔬产品。

2. 器　具

移液枪、离心管（10 mL、2 mL）、容量瓶（100 mL、1000 mL）、研钵、狭缝微量比色皿（1.05 mL）、分析天平、磁力搅拌器、高速冷冻离心机、分光光度计等。

3. 试　剂

（1）0.1 mol/L 磷酸缓冲液（pH 6.0）：配制方法见附录 B。

（2）100 mmol/L 愈创木酚溶液：吸取 1.11 mL 愈创木酚，用 0.1 mol/L 磷酸缓冲液（pH 6.0）溶解并定容至 100 mL。

（3）50 mmol/L H_2O_2 溶液：吸取 500 μL 30% H_2O_2，用 50 mmol/L 磷酸缓冲液（pH 6.0）定容至 100 mL，现用现配。

（4）提取缓冲液[50 mmol/L 磷酸缓冲液（pH 6.0），含 1%（m/V）乙烯吡咯烷酮（PVP）和 0.1 mmol/L EDTA-Na_2]：称取 37.2 mg EDTA-Na_2 和 10 g PVP，用 50 mmol/L 磷酸缓冲液（pH 6.0）溶解并定容至 1000 mL。

四、步骤与方法

1. 样品提取

称取果蔬组织 0.5 g，置于预冷的研钵中，加入少量石英砂，分 3 次加入总量为 8 mL 的提取缓冲液，冰浴匀浆后倒入离心管中，在 4 °C、12 000g 条件下离心 15 min，上清液即为酶提取液，低温保存备用。

2. 样品测定

取 2 mL 离心管，向管中加入 690 μL 0.1 mol/L 磷酸缓冲液（pH 6.0）、100 μL 100 mmol/L 愈创木酚溶液和 20 μL 酶液，再加入 200 μL 50 mmol/L H_2O_2 溶液迅速混合启动反应，以时间扫描方式，在反应第 5s 时开始记录 A_{470} 在 5 ~ 65s 内的变化。空白对照管用 20 μL 提取缓冲液代替 20 μL 酶液，同样加入 690 μL 0.1 mol/L 磷酸缓冲液（pH 6.0）和 200 μL 50 mmol/L H_2O_2 溶液，摇匀后调零。

五、结果分析

以每克果蔬样品每分钟吸光度增加 0.01 定义为一个酶活力单位（U），计算公式如下所示：

$$\text{POD活性}[\mathrm{U/(g\cdot min)}]=\frac{\Delta A_{470}\times V_t}{0.01\times W\times V_s\times t}$$

式中　ΔA_{470}——A_{470} 在 5 ~ 65 s 内的变化值；

V_t——样品提取液总体积，mL；

W——称取的样品质量，g；

V_s——样品测定液总体积，mL；

t——反应时间，min。

六、注意事项

（1）为了防止酶提取液失活，应放置在 4 °C 下冷藏。

（2）测定时应根据样品的酶活性高低而调整酶提取液的加入量，以保证分光光度计的读数在其测量量程内。

七、思考题

（1）果蔬组织中过氧化物酶有哪些方面的作用？

（2）过氧化物酶活性的测定还有其他什么方法？

实验八　抗坏血酸过氧化物酶（APX）活性的测定

一、实验目的

（1）了解抗坏血酸过氧化物酶（APX）在果蔬体内的生理作用。

（2）掌握 APX 活性的测定原理和方法。

二、基本原理

抗坏血酸过氧化物酶（APX）是以抗坏血酸为电子供体的强专一性过氧化物酶，主要存在于果蔬叶绿体和细胞质中。由 APX 等组成的抗坏血酸-谷胱甘肽（AsA-GSH）循环在植物体内发挥了重要的清除过氧化氢（H_2O_2）的作用。在 ASA-GSH 循环中，APX 利用 AsA 将 H_2O_2 还原成 H_2O，同时生成产物单脱氢抗坏血酸（MDHA）。MDHA 很不稳定，一部分可通过单脱氢抗坏血酸还原酶（MDHAR）直接被还原生成 AsA，另一部分则进一步氧化生成脱氢抗坏血酸（DHA）。DHA 以还原型谷胱甘肽（GSH）为电子供体，通过脱氢抗坏血酸还原酶（DHAR）的作用再被还原生成 AsA 和氧化谷胱甘肽（GSSG）。被消耗掉的 GSH 则通过谷胱甘肽还原酶（GR）作用将 GSSG 还原生成 GSH，从而使 H_2O_2 清除并再生 ASA 和 GSH 完成循环。

APX 催化 AsA 与 H_2O_2 反应，使 AsA 氧化成 MDHA。随着 AsA 被氧化，其溶液在 290 nm 处吸光度降低，因此可根据单位时间内吸光度的变化来计算 APX 的活性。

三、材料、器具及试剂

1. 材　料

苹果、李子、梨等果蔬产品。

2. 器　具

移液枪、离心管（10 mL、2 mL）、容量瓶（100 mL、500 mL、1000 mL）、研钵、狭缝微量比色皿（1.05 mL）、分析天平、磁力搅拌器、高速冷冻离心机、紫外分光光度计等。

3. 试　剂

（1）50 mmol/L 磷酸缓冲液（pH 7.0）：配制方法见附录 B。

（2）1 mmol/L EDTA-Na_2 溶液：称取 0.1861 g EDTA-Na_2，用蒸馏水溶解并定容至 500 mL。

（3）5 mmol/L AsA：称取 0.4403 g 抗坏血酸，用蒸馏水溶解并定容至 500 mL。现用现配。

（4）5 mmol/L H_2O_2：吸取 50 μL 30% H_2O_2，用 50 mmol/L 磷酸缓冲液（pH 7.0）稀释并定容至 100 mL。现用现配。

（5）提取缓冲液[50 mmol/L 磷酸缓冲液（pH 7.0），含 1%（*m*/*V*）乙烯吡咯烷酮（PVP）和 0.1 mmol/L EDTA-Na_2]：称取 37.2 mg EDTA-Na_2 和 10 g PVP，用 50 mmol/L 磷酸缓冲液（pH 7.0）溶解并定容至 1000 mL。

四、步骤与方法

1. 样品提取

称取果蔬样品 0.5 g，置于预冷的研钵中，加入适量预冷的提取缓冲液，冰浴研磨成匀浆，转移至 10 mL 离心管中，并用提取缓冲液冲洗 2 ~ 3 次，使提取缓冲液总用量为 8 mL，在 4 °C、12 000g 条件下离心 15 min，上清液即为酶提取液，低温保存备用。

2. 样品测定

取 2 mL 离心管，依次向管中加入 580 μL 50 mmol/L 磷酸缓冲液（pH 7.0）、100 μL 1 mmol/L EDTA-Na_2溶液、100 μL 5 mmol/L AsA 和 20 μL 酶液，再加入 200 μL 5 mmol/L H_2O_2 溶液迅速混合启动反应，以时间扫描方式，在反应第 5 s 时开始记录 A_{290} 在 5 ~ 65 s 内的变化。空白对照管用 20 μL 提取缓冲液代替 20 μL 酶液，同样加入 580 μL 50 mmol/L 磷酸缓冲液（pH 7.0）、100 μL 1 mmol/L EDTA-Na_2 溶液、100 μL 5 mmol/L AsA 和 200 μL 50 mmol/L H_2O_2 溶液，摇匀后调零。

五、结果分析

室温下以每克果蔬样品每分钟吸光度减少 0.01 定义为一个酶活力单位（U），计算公式如下所示：

$$\text{APX活性}[\text{U}/(\text{g}\cdot\text{min})]=\frac{\Delta A_{290}\times V_{\text{t}}}{0.01\times W\times V_{\text{s}}\times t}$$

式中 ΔA_{290} ——A_{290} 在 5 ~ 65 s 内的变化值；

V_{t} ——样品提取液总体积，mL；

W ——称取的样品质量，g；

V_{s} ——样品测定液总体积，mL；

t ——反应时间，min。

六、注意事项

当测定样品数量较多时，为节省操作时间和减少误差，在测定前可将 1 mL 反应体系中的 580 μL 50 mmol/L 磷酸缓冲液（pH 7.0）、100 μL 1 mmol/L EDTA-Na_2 溶液和 100 μL 5 mmol/L AsA 溶液，按样品数量多少分别计算出总量后混合为反应液，测定时吸取 780 μL 反应液和 20 μL 酶液，再加入 200 μL 5 mmol/L H_2O_2 启动反应即可。

七、思考题

（1）如何使用 AsA 氧化量来计算 APX 的活性？

（2）抗坏血酸及其过氧化物酶在果蔬衰老、抗逆性和抗病性方面有何生理意义？

实验九　谷胱甘肽还原酶（GR）活性的测定

一、实验目的

（1）了解谷胱甘肽还原酶（GR）在果蔬体内的生理作用。

（2）掌握 GR 活性的测定原理及方法。

二、基本原理

GR 是一种重要的抗氧化酶，其功能是维持细胞内充足的还原型谷胱甘肽（GSH）水平。GSH 可以清除自由基和一些有机过氧化物，或作为 GR 的底物来清除一些过氧化物。测定 GR 酶活性对于了解果蔬组织清除自由基、抗氧化、抗衰老的能力具有重要意义。

GR 利用还原型辅酶Ⅱ（NADPH）作为唯一的还原力和电子供体，催化氧化型谷胱甘肽（GSSG）还原成还原型谷胱甘肽（GSH）。

$$\text{GSSG} + \text{NADPH} \xrightarrow{\text{GR}} \text{NADP}^+ + 2\text{GSH}$$

NADPH 在 340 nm 波长处有吸收峰，随着上述反应的进行，体系中的 NADPH 不断被消耗，通过测定单位时间内 A_{340} 的下降值，即可计算出 GR 的活性。

三、材料、器具及试剂

1. 材　料

龙眼、荔枝等果蔬产品。

2. 器　具

移液枪、离心管（10 mL、2 mL）、容量瓶（100 mL、500 mL、1000 mL）、研钵、狭缝微量比色皿（1.05 mL）、分析天平、磁力搅拌器、漩涡混合仪、高速冷冻离心机、紫外分光光度计等。

3. 试　剂

（1）100 mmol/L 磷酸缓冲液（pH 7.5）：配制方法见附录 B。

（2）10 mmol/L EDTA-Na_2溶液：称取 1.8612 g EDTA-Na_2 用蒸馏水溶解并定容至 500 mL。

（3）2.5 mmol/L GSSG：称取 0.1535 g GSSG 用蒸馏水溶解并定容至 100 mL，分装后 −20 °C 保存。

（4）1 mmol/L NADPH：25 mg NADPH 加 30 mL 超纯水溶解，混匀，分装后 −70 °C 保存。

（5）提取缓冲液[100 mmol/L 磷酸缓冲液（pH 7.5），含 1%（*m*/*V*）乙烯吡哆烷酮（PVP）和 0.1 mmol/L EDTA-Na_2]：称取 37.2 mg EDTA-Na_2 和 10 g PVP，用 100 mmol/L 磷酸缓冲液（pH 7.5）溶解并定容至 1000 mL。

四、步骤与方法

1. 样品提取

称取果蔬样品 0.5 g，置于预冷的研钵中，加入适量预冷的提取缓冲液，冰浴研磨成匀浆，转移至 10 mL 离心管中，并用提取缓冲液冲洗 2 ~ 3 次，使提取缓冲液总用量为 8 mL，在 4 °C、12 000*g* 条件下离心 15 min，上清液即为酶提取液，低温保存备用。

2. 样品测定

取 2 mL 离心管，依次向管中加入 680 μL 100 mmol/L 磷酸缓冲液（pH 7.5）、100 μL 10 mmol/L EDTA-Na_2溶液、100 μL 2.5 mmol/L GSSG 和 20 μL 酶液，再加入 100 μL 1 mmol/L NADPH 溶液迅速混合启动反应，以时间扫描方式，在反应第 5 s 时开始记录 A_{340} 的变化值，连续记录 3 min。空白对照管用 20 μL 提取缓冲液代替 20 μL 酶液，同样加入 680 μL 50 mmol/L 磷酸缓冲液（pH 7.0）、100 μL 10 mmol/L EDTA-Na_2溶液、100 μL 2.5 mmol/L GSSG 和 100 μL 1 mmol/L NADPH 溶液，摇匀后调零。

五、结果分析

以每克果蔬样品每分钟吸光度降低 0.01 定义为一个酶活力单位（U），计算公式如下所示：

$$\text{GR活性}[\text{U}/(\text{g}\cdot\text{min})]=\frac{\Delta A_{340}\times V_{\text{t}}}{0.01\times W\times V_{\text{s}}\times t}$$

式中　ΔA_{340}——A_{340} 在反应时间（3 min）内的变化值；

V_{t}——样品提取液总体积，mL；

V_{s}——样品测定液总体积，mL；

W——称取的样品质量，g；

t——反应时间，min。

六、注意事项

（1）NADPH 不太稳定，配制的多余的 NADPH 溶液宜立即于 – 70 °C 超低温冰箱保存，谨防失活。NADPH 溶液在 4 °C 条件下可以保存 1 d，– 20 °C 条件下保存 1 周后，NADPH 会减少 10%以上。

（2）为了精确测定谷胱甘肽还原酶的活性，每分钟吸光度的变化幅度宜调整在 0.005 ~ 0.06。当酶活力过高时，应对样品提取液进行适当稀释；当酶活力过低时，应设法增大样品用量。

七、思考题

如何使用 NADPH 还原量来计算 GR 的活性？

实验十　蔗糖合成酶（SS）活性的测定

一、实验目的

（1）了解果蔬组织中蔗糖合成酶（SS）的作用。

（2）掌握 SS 测定的原理及方法。

二、基本原理

蔗糖是果蔬组织中重要的可溶性糖之一。糖代谢中，蔗糖合成酶（SS）、蔗糖磷酸合成酶（SPS）以及蔗糖转化酶（INV）是控制蔗糖浓度水平及促使蔗糖向其他贮藏物质转化的关键酶。其中 SS 既可以催化蔗糖的合成又可以催化蔗糖的分解，但通常在分解蔗糖代谢方面占主体地位。SPS 催化蔗糖的合成则是不可逆的。因此一般把 SPS 催化的反应看作是蔗糖合成的主要途径，而把 SS 看作是蔗糖分解或形成核苷酸葡萄糖的系统。

SS 催化游离果糖与葡萄糖供体 UDPG（尿苷二磷酸葡萄糖）反应生成蔗糖。反应过程如下所示：

$$\text{UDPG+果糖} \longrightarrow \text{蔗糖+UDP}$$

这是一个可逆反应，平衡常数为 1.3 ~ 2.0。该酶在分解方向的 K_m 值相对较高（30 ~ 150 mmol/L），细胞中高浓度的蔗糖有利于反应向分解方向进行。蔗糖合成酶活性测定既可以在合成方向进行测定（外加底物 UDPG 和果糖，测定产物蔗糖的含量表示酶活性），也可以在分解方向进行测定（外加蔗糖和 UPD，测定产物果糖的含量表示酶活性）。

在合成方向进行 SS 活性测定时，反应体系中 SS 不断将果糖催化生成蔗糖。蔗糖能够在酸性条件下水解为葡萄糖和果糖，果糖与间苯二酚混合加热反应生成红色物质，产物在 480 nm 处具有特征吸收峰，通过吸光值变化即可定量检测生成的蔗糖含量，并由此计算出 SS 的活性。

在分解方向进行 SS 活性测定时，反应体系中 SS 不断将蔗糖分解为果糖。果糖属于还原糖，还原糖与 3, 5-二硝基水杨酸反应会产生棕红色物质，该物质在可见光区的吸收峰为 540 nm，故在此波长下进行比色，可测得 SS 在分解方向生成的果糖含量，并由此计算出 SS 的活性。

三、材料、器具及试剂

1. 材　料

苹果、柑橘等果蔬产品。

2. 器　具

移液枪、移液管、容量瓶（100 mL）、研钵、离心管（10 mL）、具塞刻度试管（10 mL）、分析天平、磁力搅拌器、水浴锅、高速冷冻离心机、分光光度计等。

3. 试　剂

（1）100 mmol/L 磷酸缓冲液（pH 7.5）：配制方法见附录 B。

（2）酶提取缓冲液：称取 0.1169 g EDTA、0.4066 g $MgCl_2$、0.2 g BSA，按顺序分别溶解至 400 mL 100 mmol/L 磷酸缓冲液（pH 7.5）中，再向混合溶液中滴加 0.4 mL 巯基乙醇以及 0.4 mL TritonX-100。

（3）100 mmol/L 磷酸缓冲液（pH 8.0）：配制方法见附录 B。

（4）酶反应液（合成方向）[100 mmol/L 磷酸缓冲液（pH 8.0），内含 0.06 mol/L 果糖、4 mmol/L UDPG、15 mmol/L $MgCl_2$]：称取 0.0305 g $MgCl_2 \cdot 6H_2O$、0.1117 g 果糖、0.0244 g UDPG，溶解于 10 mL 100 mmol/L 磷酸缓冲液（pH 8.0）中。

（5）2 mol/L NaOH 溶液：配制方法见第一章实验五项目四。

（6）30% HCl 溶液：配制方法见第一章实验五项目三。

（7）0.1%间苯二酚：配制方法见第一章实验五项目三。

（8）200 μg/ mL 蔗糖标准液：配制方法见第一章实验五项目四。

（9）酶反应液（分解方向）[100 mmol/L Hepes-NaOH 缓冲液（pH 7.5），内含 50 mmol/L 蔗糖、5 mmol/L UDP、5 mmol/L 乙酸镁、5 mmol/L DTT]：称取 0.3423 g 蔗糖、0.0404 g UDP、0.0154 g DTT，溶解于 20 mL 100 mmol/L Hepes-NaOH 缓冲液（pH 7.5）中。

（10）1 mg/ mL 果糖标准液：准确称取 80 °C 烘箱烘烤至恒重的果糖 100 mg，用蒸馏水溶解并定容至 100 mL。

（11）3, 5-二硝基水杨酸（DNS）试剂：配制方法见第一章实验五项目二。

四、步骤与方法

1. 样品提取

称取果蔬样品 0.5 g，置于预冷的研钵中，分 3 次加入 6 mL 预冷的酶提取缓冲液，冰浴研磨提取，匀浆都转移至 10 mL 离心管中，在 4 °C、12 000*g* 条件下离心 15 min，沉淀用 4 mL 酶提取缓冲液重复提取 1 次。合并两次上清液得到酶提取液，低温保存备用。

2. SS 活性测定（合成方向）

（1）取 200 μg/mL 蔗糖标准液 0、0.02、0.04、0.08、0.12、0.16、0.20 mL，加蒸馏水补齐至 0.4 mL。加入 0.2 mL 2 mol/L NaOH 溶液，沸水浴 10 min。冷却至室温后加入 2.8 mL 30% HCl 溶液及 0.8 mL 0.1%间苯二酚，摇匀，80 °C 水浴 10 min。冷却后，测定 480 nm 波长下的吸光值。以蔗糖质量（mg）为横坐标，吸光度为纵坐标，绘制标准曲线。

（2）取 50 μL 酶提取液，加入 50 μL 酶反应液[100 mmol/L 磷酸缓冲液（pH 8.0），内含 0.06 mol/L 果糖、4 mmol/L UDPG、15 mmol/L $MgCl_2$]，于 30 °C 水浴中反应 30 min，沸水浴 10 min（终止反应）。按照与绘制标准曲线相同的步骤进行蔗糖含量测定。对照在反应体系中加入预先经沸水浴（10 min）灭活的酶液 50 μL，其余操作同上。

3. SS 活性测定（分解方向）

（1）取 1 mg/ mL 果糖标准液 0、0.2、0.4、0.6、0.8、1.0、1.2 mL，加蒸馏水补齐至 2 mL，再加入 1.5 mL 3, 5-二硝基水杨酸（DNS）试剂，摇匀，沸水浴加热 10 min，取出后立即用冷

水冷却至室温，加水定容至 25 mL，540 nm 下测定吸光度。以果糖质量（mg）为横坐标，吸光度为纵坐标，绘制标准曲线。

（2）取 200 μL 酶提取液，加入 800 μL 酶反应液[100 mmol/L Hepes-NaOH（pH 7.5），内含 50 mmol/L 蔗糖、5 mmol/L UDP、5 mmol/L 乙酸镁、5 mmol/L DTT]，在 34 °C 下反应 30 min，沸水浴 10 min（终止反应）。冷却至室温后按照与绘制标准曲线相同的步骤进行果糖含量测定。对照在反应体系中加入预先经沸水浴（10 min）灭活的酶液 50 μL，其余操作同上。

五、结果分析

（1）SS 活性（合成方向）以 mg 蔗糖/(g·h)表示，计算公式如下所示：

$$\text{SS活性[mg蔗糖/(g·h)]} = \frac{C \times V_t}{W \times V_s \times t}$$

式中 C——标准曲线上查得的蔗糖质量，mg；

V_t——样品提取液总体积，mL；

V_s——样品测定液总体积，mL；

W——称取的样品质量，g；

t——反应时间，h。

（2）SS 活性（分解方向）以 mg 果糖/(g·h)表示，计算公式如下所示：

$$\text{SS活性[mg果糖/(g·h)]} = \frac{C \times V_t}{W \times V_s \times t}$$

式中 C——标准曲线上查得的果糖质量，mg；

V_t——样品提取液总体积，mL；

V_s——样品测定液总体积，mL；

W——称取的样品质量，g；

t——反应时间，h。

六、注意事项

样品测定时，如果吸光度过大，超出标准线性吸光值范围，应将粗酶液适当稀释后再进行测定；若吸光度过小，则应适当增加样本量。

七、思考题

蔗糖合成酶在糖代谢中的作用是什么？

实验十一 蔗糖磷酸合成酶（SPS）活性的测定

一、实验目的

掌握蔗糖磷酸合成酶（SPS）活性的测定原理和方法。

二、基本原理

蔗糖磷酸合成酶（SPS）催化 UDPG（尿甘二磷酸葡萄糖）与果糖-6-磷酸（F6P）结合形成 6-磷酸蔗糖，6-磷酸蔗糖可以经磷酸蔗糖酶（SPP）水解后形成蔗糖。SPS 催化蔗糖合成的反应是不可逆的。

SPS 活性的测定是在反应体系中外加 UDPG 和 F6P，测定产物蔗糖的量表示酶活性。蔗糖能够在酸性条件下水解为葡萄糖和果糖，果糖与间苯二酚混合加热反应生成红色物质，产物在 480 nm 处具有特征吸收峰，通过吸光值变化即可定量检测蔗糖的含量，并由此计算出 SPS 的活性。

三、材料、器具及试剂

1. 材　料

苹果、柑橘等果蔬产品。

2. 器　具

移液枪、移液管、容量瓶（100 mL）、研钵、离心管（10 mL）、具塞刻度试管（10 mL）、分析天平、磁力搅拌器、水浴锅、高速冷冻离心机、分光光度计等。

3. 试　剂

（1）100 mmol/L 磷酸缓冲液（pH 7.5）：配制方法见附录 B。

（2）酶提取缓冲液：配制方法见第二章实验十。

（3）100 mmol/L 磷酸缓冲液（pH 8.0）：配制方法见附录 B。

（4）酶反应液[100 mmol/L 磷酸缓冲液（pH 8.0），内含 0.06mol/L 果糖、4 mmol/L UDPG、15 mmol/L $MgCl_2$]：称取 0.0305 g $MgCl_2 \cdot 6H_2O$、0.1117 g 果糖、0.0244 g UDPG，溶解于 10 mL 100 mmol/L 磷酸缓冲液（pH 8.0）中。

（5）2 mol/L NaOH 溶液：配制方法见第一章实验五项目四。

（6）30% HCl 溶液：配制方法见第一章实验五项目三。

（7）0.1%间苯二酚溶液：配制方法见第一章实验五项目三。

（8）200 μg/ mL 蔗糖标准液：配制方法见第一章实验五项目四。

四、步骤与方法

1. 样品提取

样品酶液提取方法同第二章实验十的方法。

2. SPS 活性测定

取 50 μL 酶提取液,加入 50 μL 酶反应液[100 mmol/L 磷酸缓冲液(pH 8.0),内含 5 mmol/L 果糖-6-磷酸,15 mmol/L 葡萄糖-6-磷酸,4 mmol/L UDPG,15 mmol/L $MgCl_2$,1 mmol/L EDTA]。其余步骤与第二章实验十蔗糖合成酶活性测定（合成方向）相同。

五、结果分析

SPS 活性以 mg 蔗糖/(g·h)表示，计算公式如下所示：

$$\text{SPS活性}[\text{mg蔗糖}/(\text{g}\cdot\text{h})]=\frac{C\times V_t}{W\times V_s\times t}$$

式中 C——标准曲线上查得的蔗糖质量，mg；

V_t——样品提取液总体积，mL；

V_s——样品测定液总体积，mL；

W——称取的样品质量，g；

t——反应时间，h。

六、思考题

蔗糖磷酸合成酶活性测定的酶反应液与蔗糖合成酶活性测定的酶反应液有什么不同?

实验十二 蔗糖转化酶（INV）活性的测定

一、实验目的

（1）了解果蔬组织中蔗糖转化酶（INV）的类型及特点。

（2）掌握蔗糖转化酶活性测定原理及方法。

二、基本原理

蔗糖转化酶（INV）催化蔗糖不可逆地水解为葡萄糖和果糖，为植物细胞分化和增殖提供碳骨架和能量。测定转化酶活性对于了解果蔬组织内葡萄糖、果糖、蔗糖等含量的变化具有重要意义。根据亚细胞定位和催化反应的最适 pH，INV 可进一步分为细胞壁酸性转化酶（CWINV）、液泡酸性转化酶（VINV）和细胞质中/碱性转化酶（CINV）3 种类型。CWINV 存在于细胞间隙并结合在细胞壁上，为不溶性酶；而 VINV 和 CINV 为可溶性酶，分别存在于液泡和细胞质中。CWINV 和 VINV 催化反应的最适 pH 为 4.0 ~ 5.5（酸性条件），而 CINV 催化反应的最适 pH 为 7.0 ~ 8.0（中/碱性条件）。转化酶催化蔗糖的水解反应如下所示：

$$\text{蔗糖}+H_2O \longrightarrow \text{葡萄糖}+\text{果糖}$$

蔗糖是非还原糖，其水解产物葡萄糖和果糖都是还原糖，因此可通过测定水解反应生成的还原糖的量来表示酶活性的大小。还原糖在碱性条件下与 3, 5-二硝基水杨酸试剂共热时，会产生棕红色物质，该物质在可见光区的吸收峰为 540 nm。在一定范围内，生成的还原糖的量与棕红色物质的颜色深浅程度呈一定的比例关系。

三、材料、器具及试剂

1. 材　料

苹果、柑橘等果蔬产品。

2. 器　具

移液枪、移液管、容量瓶（100 mL、200 mL）、研钵、离心管（10 mL）、具塞刻度试管（10 mL）、分析天平、磁力搅拌器、水浴锅、高速冷冻离心机、分光光度计等。

3. 试　剂

（1）0.1 mol/L 磷酸缓冲液（pH 7.5）：配制方法见附录 B。

（2）酶提取缓冲液Ⅰ：称取 0.1169 g EDTA、0.4066 g $MgCl_2$、0.2 g BSA，按顺序分别溶解至 400 mL 100 mmol/L 磷酸缓冲液（pH 7.5）中，再向混合溶液中滴加 0.4 mL 巯基乙醇以及 0.4 mL TritonX-100。

（3）酶提取缓冲液Ⅱ（含 0.5 mol/L NaCl）：称取 2.922 g NaCl，用上述配好的酶提取缓冲液Ⅰ溶解并定容至 100 mL。

（4）0.1 mol/L 醋酸缓冲液（pH 5.4）：配制方法见附录 B。

（5）反应液Ⅰ[0.1 mol/L 醋酸缓冲液（pH 5.4），含 1%蔗糖]：称取 2 g 蔗糖用 0.1 mol/L 醋酸缓冲液（pH 5.4）溶解并定容至 200 mL。

（6）反应液Ⅱ[0.1 mol/L 磷酸缓冲液（pH 7.5），含 1%蔗糖、5 mmol/L $MgCl_2$、1 mmol/L EDTA]：称取 2 g 蔗糖、0.4761 g $MgCl_2$ 和 0.0744 g EDTA-Na_2，用 0.1 mol/L 磷酸缓冲液（pH 7.5）溶解并定容至 200 mL。

（7）1 mg/ mL 葡萄糖标准液：称取 100 mg 分析纯葡萄糖（预先 80 °C 烘干至恒重），用蒸馏水溶解并定容至 100 mL。

（8）3, 5-二硝基水杨酸（DNS）试剂：配制方法见第一章实验五项目二。

四、步骤与方法

1. 样品提取

用于 VINV 和 CINV 活性测定的酶液提取方法同第二章实验十蔗糖合成酶活性测定的方法，用酶提取缓冲液Ⅰ进行提取。提取完成后，将离心后的沉淀物用 1 mL 酶提取缓冲液Ⅱ（含 0.5 mol/L NaCl）重新振荡悬浮，4 °C 振荡提取 24 h，离心，取上清液，用于 CWINV 活性的测定。

2. CWINV 和 VINV 活性测定

取酶提取液 0.1 mL，加入 1 mL 反应液Ⅰ[0.1mol/L 醋酸缓冲液（pH 5.4），含 1%蔗糖]，34 °C 水浴中反应 30 min，沸水浴加热 5 min 终止反应。向各反应管加入 0.9 mL 水和 1.5 mL 3, 5-二硝基水杨酸（DNS）试剂，摇匀，沸水浴加热 10 min，取出后立即用冷水冷却至室温，加水定容至 25 mL，540 nm 下测定吸光度。对照在反应体系中加入预先经沸水浴（10 min）灭活的酶液 0.1 mL，其余操作同上。

3. CINV 活性测定

取酶提取液 0.1 mL，加入 1 mL 反应液Ⅱ[0.1 mol/L 磷酸缓冲液（pH 7.5），含 1%蔗糖、5 mmol/L $MgCl_2$、1 mmol/L EDTA]，34 °C 水浴中反应 30 min，沸水浴加热 5 min 终止反应。其余操作同 CWINV 和 VINV 活性测定。

4. 制作标准曲线

取 1 mg/mL 葡萄糖标准液 0、0.2、0.4、0.6、0.8、1.0、1.2 mL，加蒸馏水补齐至 2 mL，再加入 1.5 mL 3, 5-二硝基水杨酸（DNS）试剂。按照与 CWINV 和 VINV 活性测定相同的步骤进行吸光度测定。以葡萄糖质量（mg）为横坐标、吸光度为纵坐标，绘制标准曲线。

五、结果分析

CWINV、VINV 和 CINV 活性都以 mg 葡萄糖/(g·h) 表示，计算公式如下所示：

$$\text{酶活性[mg葡萄糖}/(\text{g}\cdot\text{h})] = \frac{C \times V_t}{W \times V_s \times t}$$

式中 C——标准曲线上查得的葡萄糖质量，mg；

V_t——样品提取液总体积，mL；

V_s——样品测定液总体积，mL；

W——称取的样品质量，g；

t——反应时间，h。

六、思考题

（1）蔗糖分解的途径有哪些？

（2）蔗糖转化酶活性如果以单位时间内催化产生 1 μmol 还原糖的量作为一个活性单位该如何计算？

实验十三　多酚氧化酶（PPO）活性的测定

一、实验目的

（1）了解多酚氧化酶（PPO）在果蔬采后的生理作用。

（2）掌握果蔬组织中多酚氧化酶活性的测定方法。

二、基本原理

多酚氧化酶（PPO）是一种以铜为辅基的氧化酶，在有氧的条件下，能催化多种简单酚类物质氧化形成醌类化合物，醌类化合物进一步聚合形成呈褐色、棕色或黑色的聚合物。在后熟衰老过程或在采摘后的贮藏、加工过程中，果蔬出现的组织褐变与组织中的 PPO 活性密切相关。另外，部分研究认为 PPO 还参与果蔬的木质素合成。

PPO 能够催化邻苯二酚氧化生成醌，产物在 420 nm 处具有特征吸收峰。因此，可利用比色法通过吸光值变化测定 PPO 活性。

三、材料、器具及试剂

1. 材　料

苹果、枇杷、马铃薯等果蔬产品。

2. 器　具

移液器、容量瓶（100 mL、1000 mL）、研钵、离心管（10 mL）、试管（10 mL）、磁力搅拌器、高速冷冻离心机、分光光度计等。

3. 试　剂

（1）0.1 mol/L 乙酸-乙酸钠缓冲液（pH 5.5）

① 母液 A（200 mmol/L 醋酸溶液）：量取 11.55 mL 冰醋酸，加蒸馏水稀释至 1000 mL。

② 母液 B（200 mmol/L 醋酸钠溶液）：称取 16.4 g 无水醋酸钠（或称取 27.2 g 三水合乙酸钠），用蒸馏水溶解并定容至 1000 mL。

③ 取 68 mL 母液 A 和 432 mL 母液 B 混合后，调节 pH 至 5.5，加蒸馏水稀释至 1000 mL。

（2）酶提取缓冲液（含 1 mmol PEG、4% PVPP 和 1% TritonX-100）：称取 340 mg PEG-6000（聚乙二醇 6000）和 4 g PVPP（聚乙烯吡咯烷酮），再量取 1 mL TritonX-100，用 0.1 mol/L 乙酸-乙酸钠缓冲液（pH 5.5）溶解并定容至 100 mL。

（3）50 mmol/L 邻苯二酚：称取 275 mg 邻苯二酚，用 0.1 mol 乙酸-乙酸钠缓冲液（pH 5.5）溶解并定容至 50 mL。

四、步骤与方法

1. 样品提取

称取果蔬组织样品 0.5g，置于提前预冷好的研钵中，分 2 ~ 3 次加入 5 mL 酶提取缓冲液，冰浴中研磨成匀浆，全部转移至 10 mL 离心管中，于 4 °C、12 000*g* 条件下离心 15 min，取上清液用于酶活性测定。

2. 样品测定

试管中加入 3.9 mL 50 mmol/L 乙酸-乙酸钠缓冲液（pH 5.5）和 1 mL 50 mmol/L 邻苯二酚溶液，再加入 0.1 mL 酶提取液（视酶活性高低增减酶提取液用量），迅速混合均匀，以时间扫描方式，在反应第 5 s 时开始记录 A_{420} 在 5 ~ 130 s 内的变化值。以蒸馏水为参比调零。

五、结果分析

PPO 活性以每克果蔬样品每分钟使反应体系在 420 nm 处吸光值上升 0.01 作为一个酶活单位（U），计算公式如下所示：

$$\text{PPO活性}[\text{U}/(\text{g}\cdot\text{min})]=\frac{\Delta A_{420}\times V_{\text{t}}}{0.01\times W\times V_{\text{s}}\times t}$$

式中　ΔA_{420}——A_{420} 在 5 ~ 130 s 内的变化值；

V_{t}——样品提取液总体积，mL；

V_{s}——样品测定液总体积，mL；

W——称取的样品质量，g；

t——反应时间，min。

六、注意事项

（1）不同果蔬样品的多酚氧化酶最佳反应温度略有差别，酶促反应温度可根据具体果蔬种类在 25 ~ 37 °C 进行调整。

（2）进行吸光度测定时，应先进行预实验，反应体系的吸光度变化可多监测几分钟，以确定该酶促反应速度呈线性变化（初级反应）的时间段。后续正式测定时，只测定呈线性变化时间内某一段的吸光值变化即可。

七、思考题

随着反应时间的延长，多酚氧化酶活性将呈现怎样的变化？

实验十四　果胶酯酶（PE）和多聚半乳糖醛酸酶（PG）活性的测定

果胶酶是一类复合酶，指分解果胶物质的多种酶的总称，与果实的软化有关。在果实采后贮藏过程中，果胶酶活性的变化与果肉细胞壁结构的变化密切相关，进而影响到果实的硬度变化。测定酶活性对揭示果实采后软化机理具有重要意义。

果胶酶按其作用的键可分两种：一种称为果胶酯酶（PE），主要作用于聚半乳糖醛酸的甲酯，另一种称为多聚半乳糖醛酸酶（PG），主要作用于聚半乳糖醛酸的糖苷键。

项目一　果胶酯酶（PE）活性的测定

一、实验目的

（1）了解果胶酯酶（PE）在果蔬软化中的作用。

（2）掌握 PE 活性的测定原理及方法。

二、基本原理

果胶酯酶（PE）催化果胶酯酸（多聚半乳糖醛酸甲酯）的酯键水解，产生果胶酸和甲醇。此酶专一性很强，不能水解果胶酸和甲醇。PE 催化果胶水解的过程中释放 H^+，反应体系 pH 降低，可用 NaOH 滴定酶解反应所释放的 H^+来测定 PE 的活力。

$$\text{果胶} \xrightarrow{\text{PE}} \text{果胶酸} + \text{甲醇} + H^+$$

三、材料、器具及试剂

1. 材　料

苹果、香蕉、桃等果实。

2. 器　具

滴定管、研钵、移液管、三角瓶（100 mL）、容量瓶（100 mL）、离心管、滴管、水浴锅、高速冷冻离心机等。

3. 试　剂

（1）0.5% NaCl 溶液：称取 0.5 g 氯化钠，用蒸馏水溶解并定容至 100 mL。

（2）1%果胶溶液：称取果胶粉 1 g 于 250 mL 烧杯中，加入 100 mL 0.5% NaCl 溶液，加热溶解，过滤，冷却，蒸馏水定容至 100 mL。

（3）0.05 mol/L NaOH 溶液：称取 0.2 g NaOH，用蒸馏水溶解并定容至 100 mL。

（4）中性红溶液：称取 0.5 g 中性红，溶解到 100 mL 75%乙醇溶液中。

四、步骤与方法

1. 样品提取

取 20 g 果实样品，将其切碎，加入 20 mL 0.5% NaCl 溶液，匀浆，匀浆液全部转入离心管中，于 4 °C、12 000*g* 条件下离心 10 min，上清液移入 100 mL 容量瓶中。再用 20 mL 0.5% NaCl 溶液重复提取沉淀两次，提取液并入容量瓶中，用 0.5% NaCl 溶液定容到 100 mL，得到粗酶液。

2. 样品测定

取 20 mL 1%果胶溶液，放入 100 mL 三角瓶中，加入 2 滴中性红溶液，用 0.05 mol/L NaOH 溶液滴定至红色刚刚消失；将三角瓶放入 30 °C 恒温水浴中，加入 1 mL pH 7.0 的酶液，摇动，并立即计时。观察颜色变化，待红色出现后，用 0.05 mol/L NaOH 溶液滴定至红色消失。重复此步骤，记录 30 min 内滴加的 NaOH 总量。

五、结果分析

以每克果实样品每分钟消耗 1 μmol NaOH 的量为一个酶活力单位 U，单位是 μmol/(g · min)，计算公式如下所示：

$$\text{PE活性（U）}=\frac{0.05\times V_1\times V_t\times 1000}{W\times V_s\times t}$$

式中　0.05 ——NaOH 的摩尔浓度，mol/L；

V_1 ——滴定时消耗的 NaOH 的体积，mL；

V_t ——样品提取液总体积，mL；

W ——称取的样品质量，g；

V_s ——样品测定液总体积，mL；

t ——酶促反应时间，min。

六、注意事项

（1）注意滴定过程中颜色变化的观察，避免滴定过量。

（2）若样品酶活性较高，可适当稀释样品提取上清液后再进行测定，计算酶活性时乘以稀释倍数即可。若样品酶活性较低，则应增加称取的样品质量重新提取测定。

七、思考题

果胶酯酶在果实成熟中有何生理作用？

项目二　多聚半乳糖醛酸酶（PG）活性的测定

一、实验目的

（1）了解聚半乳糖醛酸酶（PG）在果蔬软化中的作用；
（2）掌握 PG 活性的测定原理及方法。

二、基本原理

多聚半乳糖醛酸酶（PG）催化水解果胶酸（多聚半乳糖醛酸）的 1, 4-糖苷键，生成半乳糖醛酸，在碱性溶液中可与碘（过量）发生反应。反应后剩余碘的量可通过硫代硫酸钠溶液滴定进行测定，进而计算出酶解反应中产生的半乳糖醛酸的量，用来衡量 PG 活性的大小。

三、材料、器具及试剂

1. 材　料

苹果、香蕉、桃等果实。

2. 器　具

滴定管、研钵、移液管、锥形瓶（250 mL）、容量瓶（100 mL、500 mL、1000 mL）、离心管、滴管、水浴锅、高速冷冻离心机等。

3. 试　剂

（1）0.5% NaCl 溶液：配制方法见第二章实验十四项目一。

（2）1%果胶溶液：称取果胶粉 1 g，加热水溶解，煮沸。冷却后过滤，定容至 100 mL，调节 pH 至 3.5。

（3）1 mol/L Na_2CO_3 溶液：称取 53 g 无水碳酸钠，用蒸馏水溶解并定容到 500 mL。

（4）0.1 mol/L I_2-KI 溶液：称取 2.5 g KI 溶于 20 mL 水中，另取 1.27 g I_2 溶于 KI 溶液中，待 I_2 全部溶解后定容到 100 mL，贮存于棕色试剂瓶中。

（5）1 mol/L H_2SO_4 溶液：取 1 mL 浓硫酸，用蒸馏水稀释到 18 mL。

（6）0.05 mol/L $Na_2S_2O_3$ 溶液：

① 称取 12.41 g $Na_2S_2O_3 \cdot 5H_2O$，用新煮沸冷却的蒸馏水溶解并定容到 1000 mL。贮存于棕色瓶中，若存储时间过长，使用前需用重铬酸钾标定。

② 0.05 mol/L $Na_2S_2O_3$ 滴定液的标定：精确称取 0.15 g 经 120 °C 干燥至恒重的基准重铬酸钾，置于碘瓶中，加 50 mL 蒸馏水溶解，再加入 2 g 碘化钾，轻轻振摇使溶解，最后加入 40 mL 1 mol/L 硫酸溶液，摇匀，密塞后在暗处放置 10 min。然后加入 250 mL 蒸馏水稀释。用 $Na_2S_2O_3$ 滴定液（0.05 mol/L）滴定至近终点时，加 3 mL 0.5%淀粉溶液，继续滴定至蓝色消失而显亮绿色，并将滴定的结果用空白试验校正。每 1 mL 的 $Na_2S_2O_3$ 滴定液（0.05 mol/L）相当于 2.452 mg 的重铬酸钾。根据 $Na_2S_2O_3$ 溶液的消耗量与重铬酸钾的取用量，算出本液的

浓度即可。在室温 25 °C 以上时，应将反应液及稀释用水降温至约 20 °C。

（7）0.5%淀粉溶液：称取 0.5 g 可溶性淀粉，用少量蒸馏水调成浆状后，再加入 80 mL 蒸馏水，煮沸至透明状，冷却后稀释至 100 mL。

四、步骤与方法

1. 样品提取

与果胶酯酶（PE）活性测定的样品提取方法（第二章实验十四的项目一）相同，调 pH 3.5 备用。

2. 样品测定

取 4 个 250 mL 锥形瓶，各加入 10 mL pH 3.5 的酶液，其中两瓶置沸水浴中灭活 5 min，作为空白对照。在 4 个锥形瓶中各加入 10 mL pH 3.5 的 1%果胶溶液，于 50 °C 水浴中保温 2h，反应结束后，取出锥形瓶，沸水浴中加热 5 min 以终止反应，冷却至室温。向每瓶加入 5 mL 1mol/L Na_2CO_3 溶液和 20 mL 0.1mol/L I_2-KI 溶液，摇匀，加塞，室温下暗中静置 20 min。待反应结束后，向每瓶中加入 10 mL 1 mol/L H_2SO_4，用 0.05 mol/L $Na_2S_2O_3$ 溶液滴定至淡黄色，加 3 滴 0.5%淀粉溶液，再继续滴定至蓝色消失。记录所消耗的 $Na_2S_2O_3$ 溶液体积。

五、结果分析

以每克果实样品每小时催化果胶分解产生 1 μmol 游离半乳糖醛酸作为 1 个酶活力单位，单位是μmol/(g · h)，计算公式如下所示：

$$\text{PG活性（U）} = \frac{(V_0 - V_1) \times C \times 0.51 \times V_t \times 1000}{W \times V_s \times t}$$

式中　V_0 ——空白滴定消耗的 $Na_2S_2O_3$ 溶液的体积，mL；

V_1 ——样品滴定消耗的 $Na_2S_2O_3$ 溶液的体积，mL；

C ——$Na_2S_2O_3$ 溶液的摩尔浓度，mol/L；

0.51 ——1 mmol $Na_2S_2O_3$ 相当于 0.51 mmol 游离半乳糖醛酸；

V_t ——样品提取液总体积，mL；

W ——称取的样品质量，g；

V_s ——样品测定液总体积，mL；

t ——酶促反应时间，h。

六、注意事项

注意酶促反应的最适 pH。

七、思考题

多聚半乳糖醛酸酶在果实成熟中有何生理作用？

实验十五　贮藏环境的温湿度测定

一、实验目的

掌握贮藏环境的温湿度测定的原理与方法。

二、基本原理

果蔬在贮藏期间，需要一定的温度和相对湿度，因此需要经常测定贮藏环境（如冷库）的温度和相对湿度。

环境的温度一般是用水银或酒精等温度计进行测定，以液体受热膨胀和受冷收缩为基础，根据温度计液体体积变化来判断温度大小。温度计的球部与外界空气进行热量交换，当空气温度大于球部温度时，球部受热，水银（酒精）膨胀挤入毛细管内，于是毛细管内的水银（酒精）柱伸长，表示温度升高，反之表示温度降低。利用温度计内水银（酒精）柱随气温的升高而伸长，随气温的降低而缩短的特性，来测定空气的瞬间温度。

环境的湿度一般是用干湿球温度计进行测定。它是由两个相同型号的温度计组成，其中一个是干球温度计，测量空气温度，另一个是湿球温度计，球部包有纱布。当空气中的水汽在当时温度下未达到饱和时，湿球上的纱布水分不断蒸发，水分蒸发所消耗的热量，是从湿球周围的薄层空气吸收得来，当湿球因蒸发所消耗的热量和从空气中获得热量相平衡时，湿球温度不再继续下降，结果干湿球显示的温度就有一个差值。差值的大小取决于空气的湿度，湿度越小，蒸发越快，湿球温度下降越多，干湿球温度差越大；反之，湿度越大，湿球水分蒸发越慢，湿球温度降低越少，干湿球温差越小；如果空气已经饱和则蒸发停止，湿球温度不会下降，于是干湿球温度相等。因此，测定干湿球温度值后，通过差算即可求出空气的相对湿度。

三、器具

水银（酒精）温度计、干湿球温度表计。

四、步骤与方法

1. 温度测定

将温度计固定在测定点上，球部离地面高度 1.5 m，5 min 后待温度计稳定后方可读数。水银温度计以液柱顶部凸面最高处为准，视线与凸液面垂直进行读数。酒精温度计以凹面最低处为准进行读数。

2. 湿度测定

（1）选择长 10 cm 左右吸水良好的纱布，用蒸馏水浸湿，将其缠卷在温度计球部，上端高于球部 1 ~ 2 mm，包卷纱布重叠部分不超过球部周围的 1/4，用棉线扎紧，稍加整理，使纱布贴紧球部。用棉线在温度计球部尾端扎紧，下余 7 ~ 8 cm 纱布。一般每周更换一次纱布，纱布要求保持清洁和湿润。

（2）将余下长 7 ~ 8 cm 的纱布的尾部泡在蒸馏水杯中，使球部尾端纱布与水杯口距离保持 2 cm 左右，读数时，适时观察纱布湿润情况，若水分不足应及时添加蒸馏水。不得用河水、自来水等含有大量矿物质的水浸湿纱布。

（3）观察前先融冰。纱布结冰后，应取走蒸馏水杯将温度计球部尾端多余纱布剪去，在观察前融冰。融冰的方法是：用一杯和室温相同的蒸馏水，将整个湿球温度计球部泡入水中，直到把纱布上残留的冻结水融解，纱布沾湿为止。取下水杯时用杯沿将纱布头上的水滴除去。融冰时间一般为 30 min 左右。

（4）观测时，应在读数前，先看湿球湿度是否稳定不变，如果稳定不变，则进行读数，并注意湿球纱布是否结冰。如果观测时湿球已结冰，需进行误差校正。如果观测时湿球温度还在变化，则只读干球，不读湿球，等数分钟后再读一次干球、湿球读数，以算湿度，而气温则以第一次干球读数为准。读取干湿球温度值后，通过查表即可得出贮藏环境的相对湿度。

五、注意事项

（1）贮藏库内温度不均匀，因此要选择多个点进行测定，取平均值作为最终测定值。

（2）注意温度计读数时不要用手触摸球部，也不要将脸靠近球部，要距离球部 30 cm 左右。

实验十六　贮藏环境中 O_2 和 CO_2 浓度测定

一、实验目的

学习使用奥氏气体分析仪测定贮藏环境中 O_2 和 CO_2 浓度的原理和方法。

二、实验原理

在采后贮藏过程中，果蔬呼吸作用会导致贮藏环境中 O_2 浓度下降和 CO_2 浓度升高。当 O_2 浓度过低或 CO_2 浓度过高时，都会影响到果蔬的贮藏品质和正常的生理代谢活动，导致果蔬发生生理病害。因此，在果蔬贮藏过程中，特别是在气调贮藏过程中，要随时了解贮藏环境中 O_2 和 CO_2 浓度的变化，以便进行调节和控制。

测定果蔬贮藏环境中 O_2 和 CO_2 浓度的方法有物理化学测定法和化学吸收法两种。物理化学测定法是直接利用 O_2 及 CO_2 测试仪表进行测定。化学吸收法是利用奥氏气体分析仪，以氢氧化钠溶液吸收 CO_2，以焦性没食子酸碱性溶液吸收 O_2，从而测出他们的含量，是目前国内外使用的主要方法。

三、材料、器具及试剂

1. 材　料

苹果、香蕉、梨等新鲜果蔬产品。

2. 器　具

奥氏气体分析仪（仪器结构如图 2-2 所示）。

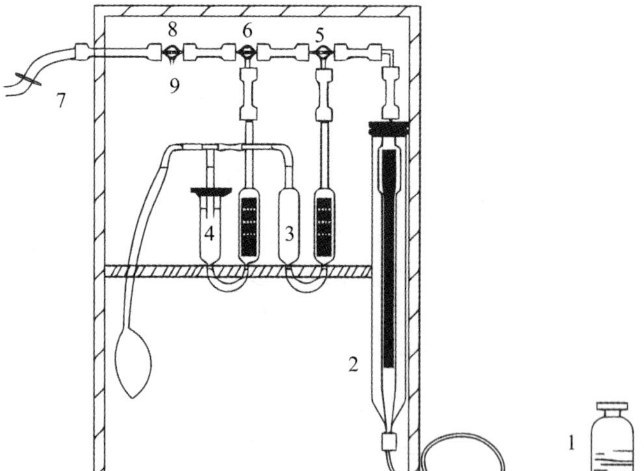

1—调节瓶；2—量气筒；3，4—气体吸收管；5，6—开关；7—取样孔；8—三通开关；9—放气孔。

图 2-2　奥氏气体分析仪

3. 试　剂

（1）氧气吸收剂（30%焦性没食子酸与等量 30%氢氧化钾或氢氧化钠的混合液）：称取 30 g 焦性没食子酸，用 70 mL 蒸馏水溶解，定容至 100 mL；另取 30 g 氢氧化钾（或氢氧化钠），用 70 mL 蒸馏水溶解，定容至 100 mL；冷却后将两种溶液混合在一起即可。

（2）二氧化碳吸收剂（30%氢氧化钾或氢氧化钠溶液）：称取 60 g 氢氧化钾（或氢氧化钠），溶解于 140 mL 蒸馏水中，定容至 200 mL。

（3）液状石蜡。

（4）盐酸。

（5）甲基橙。

（6）凡士林。

四、步骤与方法

1. 连接装置

将仪器的所有玻璃部分洗净，磨口活塞涂凡士林，并按图 2-2 装配好。在各吸收管中注入吸收剂，管（3）中注入二氧化碳吸收剂（30%氢氧化钾或氢氧化钠溶液），管（4）中注入氧气吸收剂（30%焦性没食子酸与等量 30%氢氧化钾或氢氧化钠的混合液）。吸收剂要求达到管口，往管上加几滴液状石蜡，使吸收液呈密封状态。调节瓶（1）中装入封闭液（在饱和氯化钠溶液中加 1～2 滴盐酸和 2 滴甲基橙指示剂，使其形成红色的封闭指示剂，也可用纯蒸馏水做封闭液），最后将吸气管接上待测气样。

2. 清洗与调整

将所有磨口活塞关闭，使吸气管与梳形管不相通，转动三通开关（8）呈“├”状，高举调节瓶（1），排出量气筒（2）中空气，以后转动三通开关（8）呈“┤”状，打开活塞（5）并降下调节瓶（1），此时吸收管（3）中的吸收剂上升，升到管口顶部时，立即关闭活塞（5），使液面停止在刻度线上，然后打开三通开关（8），同样使吸收剂液面达到刻度线。

3. 洗　气

用气样清洗梳形管和量筒内原有的空气，使进入其中的气样保持纯度，避免误差。打开三通活塞，箭头向上，调节瓶向下，使气样进入量气筒约 100 mL，然后把三通活塞箭头向左，把清洗过的气样排出，反复操作 2～3 次。

4. 取　样

洗气后转动三通活塞使箭头向上，并降低调节瓶，使液面准确达到 0 位，取 100 mL 气样，并将调节瓶移近量气筒，要求两液面在同一水平线上，并在刻度“0”处。然后关闭所有通道，再举起调节瓶观察量气筒的液面，如果液面不断上升说明有漏气，要检查各连接处及磨口活塞。堵漏后重新取样。若液面稍有上升后停在一定位置上不再上升，说明不漏气，可以开始测定。

5. 测　定

转动 CO_2 吸收管活塞，上下举动调节瓶，使吸收管的液体与气样充分接触，吸收 CO_2，将吸收剂液面回到原来的标线，关闭活塞。调节瓶液面和量气筒的液面平衡时，记下读数。如上操作，再进行第二次读数，若两次读数误差不超过 0.3%，即表明吸收完全，否则再进行如上操作。以上测定结果为 CO_2 含量，再转动氧气吸收管的活塞，用同样的方法测定出 O_2 含量。

五、结果分析

$$CO_2\text{含量}\ (\%) = \frac{V_1 - V_2}{V_1} \times 100$$

$$O_2\text{含量}\ (\%) = \frac{V_2 - V_3}{V_1} \times 100$$

式中 V_1 ——量气筒初始体积，mL；

V_2 ——测定 CO_2 时残留气体体积，mL；

V_3 ——测定 O_2 时残留气体体积，mL。

六、注意事项

（1）举起调节瓶时量筒内液面不得超过刻度 100 处，否则蒸馏水会流入梳形管，甚至到吸收管内，不但影响测定的准确性，还会冲淡吸收剂造成误差。液面也不能过低，应以吸收瓶中吸收剂不超过活塞为准，否则吸收剂流入梳形管时要重新洗涤仪器才能使用。

（2）举起调节瓶时动作不宜太快，以免气样因受压力大冲过吸收剂成气泡状而漏出，如发生这种现象，要重新测定。

（3）先测 CO_2 后测 O_2。

（4）焦性没食子酸的碱性溶液在 15 ~ 20 °C 时吸收氧的效能最大，吸收效果随温度下降而减弱，0 °C 时基本完全丧失吸收能力。因此，测定室温一定要在 15 °C 以上。

（5）多次举调节瓶读数不相等时，说明吸收剂的吸收性能减弱，需要重新配制吸收剂。

（6）吸收剂为碱性溶液，使用时应注意安全。

实验十七 果蔬的人工催熟

一、实验目的

（1）了解果蔬人工催熟的原理。

（2）掌握乙醇处理、混果处理、乙烯利处理等不同催熟操作技能和方法。

二、基本原理

大多数果蔬在采收后可立即食用，也有少部分果蔬在达到采收成熟度后还达不到食用要求，需要经过一段时间的后熟，其质地、色泽、口感、风味等才符合人们的食用要求。还有的果蔬虽然已进入成熟期，但外观色泽还未转变到固有状态。对于这样一些果蔬，常采用人工催熟的方法。果蔬人工催熟的原理是利用适宜的温度等条件，以及某些化学物质或气体如乙醇、乙烯等而加速其成熟过程，促进生理后熟和物质转化，以达到提早上市的目的。

三、材料、器具及试剂

1. 材 料

（1）未经催熟的青香蕉、7 ~ 8 成熟的番茄、未经脱涩的柿子等。

（2）完全成熟的苹果。

2. 器 具

玻璃干燥器、量筒、聚乙烯薄膜袋、标签纸、搪瓷盘、塑料盆、小型喷雾器、果实硬度计、手持式折光仪等。

3. 试 剂

（1）95%乙醇溶液。

（2）1000 mg/kg（0.1%）乙烯利溶液：取 12.5 mL 40%乙烯利，用蒸馏水稀释至 5 L。

（3）乙烯。

四、步骤与方法

1. 乙醇催熟

挑选果皮完好、成熟度和大小基本一致的未经脱涩的柿子 10 个，在全果面均匀喷布 95%的乙醇溶液，转入玻璃干燥器中密闭，于室温（20 ~ 25 °C）下放置 2 ~ 3 d，取出检测果面色泽、脱涩程度、糖度和硬度变化情况。取相同数量的柿子，以在全果面喷布蒸馏水作为对照，其他操作相同。

2. 混果催熟

挑选一定数量的果皮完好、大小基本一致的未经催熟的青香蕉，将香蕉和完全成熟的苹果按 5：1 的数量比例混合装入玻璃干燥器中，室温下放置 3～4 d，取出检测果面色泽、口感、糖度和硬度变化情况。取相同数量的香蕉，以不放入苹果作为对照，其他操作相同。

3. 乙烯利催熟

配制有效浓度为 1000 mg/kg（也即 0.1%）的乙烯利溶液，取果皮完好、大小基本一致的未经催熟的青香蕉 3 串，浸泡于 1000 mg/kg 乙烯利溶液中，处理时间为 1 min，捞出晾干，装入聚乙烯薄膜袋中室温（20～25 °C）条件下密闭 24 h，之后揭开薄膜袋继续放置 3～5 d，观察外观品质变化，检测果面色泽、脱涩程度、口感、糖度和硬度等品质指标。以浸泡蒸馏水的处理作为对照，其他操作相同。

4. 乙烯催熟

取果皮完好、大小基本一致的 7～8 成熟（全果面转白，果顶部微红）番茄 10 个，密闭于玻璃干燥器中。向玻璃干燥器中注入乙烯气体，使干燥器内的乙烯浓度达到 0.3～0.5 mL/L 后密闭 24 h，打开玻璃干燥器，2 d 后观察果面的色泽，测定果肉硬度和糖度。取相同数量的番茄置于玻璃干燥器中，以不注入乙烯气体作为对照，其他操作相同。

五、结果分析

（1）绘制表格，记录上述处理测定的原始数据，填入表 2-2。

表 2-2 果蔬的人工催熟数据记录表

果蔬种类	处理方法	处理开始时间	处理前品质	观察检测时间	处理后品质	
					对照组	处理组

（2）比较不同处理方式的催熟效果。

实验十八　乙烯清除剂的制作与保鲜效果观察

一、实验目的

（1）掌握活性炭乙烯清除剂、沸石乙烯清除剂、氧化吸附型乙烯清除剂的制作方法。

（2）比较不同乙烯清除剂的使用效果。

二、基本原理

乙烯可以增加果蔬的呼吸强度，具有明显促进果蔬成熟和衰老的作用。贮藏过程中，果蔬本身释放的乙烯气体积累到一定程度，就会引起果蔬品质劣变，缩短贮藏寿命期。因此，贮藏环境中及时清除乙烯十分必要。

可以利用活性炭和沸石直接对乙烯进行物理吸附清除，也可以利用高锰酸钾（$KMnO_4$，一种强氧化剂）通过与乙烯发生反应而达到分解乙烯的目的。将 $KMnO_4$ 饱和溶液吸附于表面积大的多孔质吸附载体的表面，就构成了氧化吸附型乙烯清除剂。在 $KMnO_4$ 溶液中加入磷酸（H_2PO_4）和磷酸二氢钾（NaH_2PO_4），这两种物质可有效地抑制高锰酸钾的分解，延长其使用寿命，提高乙烯清除的效果。

三、材料、器具及试剂

1. 材　料

苹果、活性炭、沸石、蛭石、珍珠岩、膨润土等。

2. 器　具

电磁炉、烧杯（2000 mL）、量筒、玻璃棒、布袋、纸箱、天平等。

3. 试　剂

$KMnO_4$、H_2PO_4、NaH_2PO_4 等。

四、步骤与方法

1. 活性炭乙烯清除剂的制作与使用

选择颗粒状或柱状的活性炭，提前将其干燥，将活性炭装入有透气性的布袋中，袋口用棉绳扎紧。果蔬贮量较大的，应将活性炭分散地放置在果蔬的中层和上层。使用量一般为果蔬重量的 0.3% ~ 3%。

2. 沸石乙烯清除剂的制作与使用

选择大小均匀的沸石，提前将其干燥，然后装入有透气性的布袋中，袋口用棉绳扎紧。使用量一般为果蔬重量的 0.6% ~ 5%。

3. 氧化吸附型乙烯清除剂的制作与使用

（1）氧化吸附型乙烯清除剂Ⅰ的制作：称取 63.3 g $KMnO_4$，加入 1000 mL 蒸馏水，用玻璃棒充分搅动使其溶解（当溶解不彻底时，可略微加热使其溶解）。将沸石（约 1500 g）或其他载体（如蛭石等）投入 $KMnO_4$ 饱和溶液中，其量以能完全浸干溶液量为宜，搅拌 30 min 左右使载体充分吸附浸润。然后捞出沥干水分于阴凉处风干，装入透气性的小袋中，待用。

（2）氧化吸附型乙烯清除剂Ⅱ的制作：称取 50 g $KMnO_4$、10 g H_2PO_4 和 10 g NaH_2PO_4，加入 1000 mL 蒸馏水，充分搅动使各成分溶解。将沸石或其他载体（如蛭石等）投入此溶液中，其他操作方法与氧化吸附型乙烯清除剂Ⅰ的制作相同。

（3）氧化吸附型乙烯清除剂的使用：氧化吸附型乙烯清除剂可吸收低浓度的乙烯气体，适用于各种果蔬，尤其适用于甜瓜、葡萄、水蜜桃的保鲜贮藏，使用量一般为果蔬重量的 0.6% ~ 2%。

4. 乙烯清除剂保鲜效果观察

（1）称取 1 kg 的苹果各 5 份，置于较密闭的纸箱中，称取上述 4 种乙烯清除剂各 20 g，装入有透气性的布袋中，分别放入其中 4 个纸箱中，封口后于室温下放置 3 ~ 7 d。

（2）另取一个纸箱，只放苹果而不放乙烯清除剂，于相同条件下放置 3 ~ 7 d。

（3）实验结束时，比较各处理的果实在颜色、质地及风味上的差异。

五、结果分析

（1）绘制表格，将观察和评价结果记录于表 2-3 中。

表 2-3　乙烯清除剂的保鲜效果观察结果

果蔬种类	处理	处理时间/d	果面颜色		果肉质地		果实风味	
	对照		处理前	处理后	处理前	处理后	处理前	处理后
苹果	活性炭							
	沸石							
	氧化吸附型Ⅰ							
	氧化吸附型Ⅱ							

（2）比较各乙烯清除剂的保鲜效果。

六、注意事项

（1）活性炭和沸石干燥状态下吸附能力强，注意防止受潮，受潮后及时更换。

（2）包装吸附剂的布袋需要选择具有透气性好的材料。

实验十九　壳聚糖涂膜的制作与保鲜效果观察

一、实验目的

（1）了解壳聚糖涂膜处理对果蔬保鲜的原理。

（2）掌握壳聚糖涂膜的制作方法。

二、基本原理

壳聚糖（Chitosan）是一种甲壳素 N-脱乙酰基产物，是自然界中仅次于纤维素的第二大天然生物多糖，具有良好的成膜性和机械强度，可降解且无毒。其水溶液喷涂于果蔬表面可形成一层半透明膜，该膜具有选择通透性，一方面阻止外界空气进入膜内，另一方面使果蔬内部 CO_2 含量增加，O_2 含量降低，从而有效调节果蔬的呼吸作用、失水程度和化学成分含量变化等。此外，壳聚糖对许多病原菌都具有很强的抑制和杀灭作用，因此，对果蔬进行适宜浓度的壳聚糖涂膜处理，可有效保持其贮藏品质、延长其货架期，达到良好的保鲜效果。

三、材料、器具及试剂

1. 材　料

四季豆、李子、青椒、苹果等果蔬产品。

2. 器　具

标签纸、菜篮、天平等。

3. 试　剂

（1）1%乙酸：吸取 10 mL 乙酸，加入 990 mL 蒸馏水稀释即可。

（2）1.5%壳聚糖涂膜液：称取 7.5 g 壳聚糖粉末，加入装有 500 mL 1%乙酸溶液的烧杯中，60 °C 恒温水浴锅中搅拌 3 h 后，再加入 2.5 mL 甘油继续搅拌 10 min，获得质量浓度为 1.5%的壳聚糖涂膜液，室温静置一段时间除去气泡。

四、步骤与方法

1. 壳聚糖涂膜处理

将果蔬材料随机分为 2 组，分别置于 1.5%的壳聚糖涂膜液及 1%乙酸（对照）中浸泡 1 min，取出后自然晾干，装入菜篮中，室温下贮藏 3 ~ 7d。每处理重复 3 次。

2. 贮藏期间果蔬品质的测定

贮藏期间，根据选择的果蔬特点，选择至少两个品质指标每隔 2d 进行品质测定。如（以青椒为例）：

（1）失重率：采用称重法测定。

（2）腐烂指数：先对腐烂程度进行分级。0级，鲜嫩如初；1级，果柄或萼片有褐变；2级，果实或果尖有褐变；3级，果柄和萼片有褐变；4级，果柄和果实或果柄和果尖有褐烂；5级，果柄、萼片和果实或果柄、萼片和果尖或果柄、果实和果尖有褐烂；6级，果柄、萼片、果实和果尖均有褐烂；7级，整个果实褐烂、变烂。然后计算腐烂指数，如下式：

$$\text{腐烂指数}\ (\%)=\frac{\sum(\text{级数}\times\text{该级个数})}{\text{总级数}\times\text{总个数}}\times 100$$

五、结果分析

绘制表格，将观察和测定结果记录于表2-4中。

表2-4　壳聚糖涂膜的保鲜效果观察结果

果蔬种类	观察日期	处理	果实质量/g	失重率/%	腐烂指数/%
		壳聚糖			
		对照			
		壳聚糖			
		对照			

六、注意事项

为保证实验结果的可靠性和可重复性，所选取的果蔬材料在色泽、成熟度、大小和重量等方面必须相对均匀一致。

实验二十　果蔬侵染性病害症状观察与识别

一、实验目的

（1）了解果蔬贮藏中侵染性病害的种类和多样性，熟悉各种病害的症状特点。

（2）通过观察和镜检，能够掌握果蔬常见侵染性病害病原物的基本形态特征，为诊断病害奠定基础。

二、基本原理

侵染性病害是由于病原微生物侵入而引起果蔬腐烂变质的病害，具有传染性，是导致果蔬采后变质最重要的因素之一。采后引起果蔬发生病害的病原菌绝大多数是真菌和细菌。其症状表现为肉眼可见的形态变化，有些症状也可用嗅觉、味觉或触摸进行观察。果蔬贮藏中常见的侵染性病害有苹果、梨轮纹病，苹果、梨褐腐病，柑橘青霉病，柑橘绿霉病，柑橘酸腐病，葡萄炭疽病，草莓软腐病，大白菜细菌软腐病，花椰菜和青花菜黑斑病，番茄灰霉病等。

三、材料及器具

1. 材　料

各类果蔬侵染性病害的标本、新鲜材料、挂图、纯化培养的病原菌、病原菌玻片以及多媒体教学课件等。

2. 器　具

手持放大镜、水果刀、载玻片、挑针、镊子、显微镜等。

四、步骤与方法

1. 了解基础知识

通过标本、新鲜材料、挂图以及多媒体教学课件，了解果蔬贮藏中常见的侵染性病害症状和病原菌形态特点。

2. 制片镜检

取载玻片，或从病部（或从培养基中）挑取少许病原菌菌丝或子实体制片，镜检，观察病原菌形态结构。

五、结果分析

（1）按表 2-5 记录观察结果。

表 2-5　果蔬侵染性病害症状观察结果

编号	果蔬种类	病害名称	主要症状	病原菌形态

（2）根据镜检观察，绘制两种病原菌形态图。

六、注意事项

（1）许多病害常产生相似的症状，因此要从各方面的特点去综合判断。

（2）果蔬种类的不同或受害器官不同，使得相同的病原菌侵染所表现的症状也有一定变化。

（3）病害的发生发展是一个过程，有初期和后期，症状也随之而变化。

实验二十一　果蔬生理性病害症状观察与识别

一、实验目的

（1）了解常见果蔬贮藏中发生的生理性病害的致病原因。

（2）学会识别常见果蔬贮藏中生理性病害的典型症状。

二、基本原理

果蔬生理性病害发生的原因主要是采收前成长条件不良及采收后贮运环境中的温湿度失调、气体成分不当等因素造成的，主要包括冷害、冻害、低 O_2 伤害、高 CO_2 伤害、SO_2 伤害、NH_3 伤害等。常见果蔬的生理性病害有苹果苦痘病、水心病，梨黑心病、鸭梨黑皮病，柑橘水肿病、褐斑病、枯水病，马铃薯黑心病，蒜薹褐斑病，香蕉、黄瓜冷害等。

三、材料及器具

1. 材　料

（1）苹果苦痘病、虎皮病、水心病、红玉斑点病，梨黑心病、鸭梨黑皮病，柑橘水肿病、褐斑病、枯水病，马铃薯黑心病，蒜薹褐斑病，香蕉冷害、黄瓜冷害等症状标本、挂图以及多媒体教学课件。

（2）香蕉、黄瓜、菜豆、青椒、葡萄等果蔬产品。

2. 器　具

菜筐、玻璃干燥器、移液器、冰箱、冷库等。

四、步骤与方法

1. 了解症状及特点

通过标本、挂图以及多媒体教学课件，了解果蔬贮藏中常见的生理性病害症状和特点。

2. 冷害诱导及观察

将香蕉或黄瓜等果蔬产品放入冷库中 3 ~ 5 d，设置冷库温度 – 2 ~ 0 °C，同时在室温下设置对照，处理结束后取出观察症状。

3. 冻害诱导及观察

将黄瓜、葡萄等果蔬产品放入 – 20 °C 冰箱中 24 h，同时在室温下设置对照，处理结束后取出观察症状。

4. 高 CO_2 伤害诱导及观察

将香蕉等果蔬产品放入塑料袋中，向袋内冲入 20%的 CO_2，密封放置 6 h，处理结束后取出观察症状。

5. NH_3 伤害诱导及观察

将葡萄等果蔬产品放入玻璃干燥器中，干燥器内放置一培养皿，培养皿中加入 2 ~ 3 mL 浓氨水，封闭 2 h，处理结束后取出观察症状。

五、结果分析

按表 2-6 记录观察结果。

表 2-6　果蔬生理性病害症状观察结果

编号	果蔬种类	病害名称	症状描述	病因分析

第三章　果蔬加工工艺实验

实验一　果蔬加工过程中的护色处理

一、实验目的

酶促褐变是引起果蔬产品原料、半成品及成品变色的主要原因，通过本实验了解果蔬产品原料的变色过程，掌握果蔬加工过程中护色的方法。

二、基本原理

果蔬加工中去皮和切分后，与空气接触后会迅速变成褐色，影响制品的外观、风味和营养，这种褐变是酶促褐变。酶促褐变是由于果蔬中的氧化酶、过氧化酶氧化果蔬中酚类物质，最后生成黑色素所致，其反应过程要有酚类底物、酶和氧气。三者缺一或抑制其一，即能防止褐变发生，因底物不可能除去，一般从隔绝氧气和抑制酶活性方面考虑。

酶活性检验主要以过氧化酶活性检验为依据。氧化酶失活条件是 71 ~ 73.5 °C、5 min，而过氧化酶失活条件是 90 ~ 100 °C，5 min。过氧化酶能使联苯胺遇过氧化氢脱氢而产生蓝色的络合物，可以使愈创木酚遇过氧化氢变成茶褐色。果蔬中是否有上述酶的存在及酶灭活后是否有活性都可用上述试剂检测。

三、材料、器具及试剂

1. 材　料

苹果、梨、马铃薯等。

2. 器　具

电炉、不锈钢锅、水果刀、漏勺、搪瓷盘、烘箱、分析天平。

3. 试　剂

0.1%愈创木酚溶液、0.3%过氧化氢、0.5%柠檬酸、1.0% NaCl、2% $NaHSO_3$。

四、步骤与方法

1. 酶促褐变观察

将苹果、梨、马铃薯去皮，切成 5 mm 厚的薄片，裸露于空气中，观察颜色变化，作为对照。

2. 护色方法

（1）清水护色　将已经去皮切分成 5 mm 厚的苹果、梨、马铃薯片分别放入清水中，护色 10 min，取出观察其颜色变化。

（2）盐水护色　将经过同样处理的苹果、梨、马铃薯片分别放入 1.0% NaCl 溶液中，护色 10 min，取出观察其颜色变化。

（3）柠檬酸护色　将经过同样处理的苹果、梨、马铃薯片分别放入 0.5%柠檬酸溶液中，护色 10 min，取出观察其颜色变化。

（4）亚硫酸盐护色　将经过同样处理的苹果、梨、马铃薯片分别放入 2% $NaHSO_3$ 溶液中，护色 10 min，取出观察其颜色变化。

（5）热烫护色　将经过同样处理的苹果、梨、马铃薯片分别投入沸水即开始计时，每隔 1 min 取出一片苹果（梨、马铃薯），滴上几滴 0.1%愈创木酚溶液，再滴上几滴 0.3%过氧化氢，观察其变色程度和速度，直至取出的果片不再变色为止，将剩余果片投入冷水中及时冷却，再观察颜色变化。

（6）干燥　将上述未护色和护色处理后的果蔬片同时放入 55 ~ 60 °C 烘箱中，恒温干燥 3 h，观察经过处理和未经过处理果蔬片干燥前后色泽变化，并记录。

五、结果分析

根据实验结果填写表格（表 3-1、表 3-2），试比较不同处理的护色效果。分析本实验针对不同原料哪种护色方法效果最好？

表 3-1　不同处理果蔬颜色变化情况

果蔬名称	处理方法					
	对照	清水护色	1.0% NaCl	0.5%柠檬酸	2% $NaHSO_3$	热烫护色
苹果片						
梨片						
马铃薯片						

表 3-2　不同处理果蔬干燥后颜色变化情况

原料名称	处理方法					
	对照	清水护色	1.0% NaCl	0.5%柠檬酸	2% $NaHSO_3$	热烫护色
苹果片						
梨片						
马铃薯片						

六、注意事项

（1）原料应新鲜，去皮切片处理时要注意抗氧化。

（2）切片应厚薄均匀一致。

七、思考题

（1）引起果蔬变色的原因有哪些？还有哪些方法可用于果蔬护色？

（2）盐水、柠檬酸、亚硫酸钠和热烫护色的原理分别是什么？

实验二　果蔬罐头的加工

一、实验目的

了解水果褐变的机理，掌握糖水水果罐头的加工工艺，掌握糖水水果罐头排气灭菌的方法。

二、基本原理

糖水水果的保藏原理是将水果原料经预处理后密封在容器中，通过杀菌工艺达到商业无菌的状态，在维持密闭和真空的条件下，得以在室温下长期保存的一种加工保藏方法。

三、材料及器具

1. 材　料

原料：硬质梨、苹果、黄桃或其他适于罐藏加工的水果品种。

辅料：砂糖、柠檬酸、食盐。

2. 器　具

手持糖量计、不锈钢水果刀、天平、四旋瓶、不锈钢盆、温度计、汤勺、漏勺、纱布、不锈钢锅、电磁炉等。

四、步骤与方法

1. 原料的选择

选用果心小，质地紧密和成熟度适宜的原料。

2. 去皮、切分、去心

手工去皮后，挖去损伤部分，将原料对半纵切，再去掉果心。用 0.5% ~ 1%柠檬酸或 1% ~ 2%食盐溶液护色。

3. 烫　漂

用沸水烫漂 5 ~ 10 min 至半透明。

4. 糖液配制

将烫漂用水过滤后用于配制糖液。装罐用糖液含量按下式计算：

$$Y(\%)=(W_3Z-W_1X)W_2\times 100$$

式中　W_1 ——每罐装入果肉量，g；

W_2 ——每罐装入糖水量，g；

W_3 ——每罐净重，g；

X——装罐前果肉可溶性固形物含量，%；

Y——装罐用糖水的含量，%；

Z——要求开罐时糖液的含量（14%～18%），%。

根据所需用量直接称取砂糖和水，放入不锈钢容器中加热、搅拌、溶解，煮沸 5～15 min 后趁热过滤，校正浓度后备用。测定糖液含量时，注意温度校正。为增进风味，根据原料中有机酸含量情况可在糖液中添加柠檬酸 0.1%～0.15%。

5. 空罐准备

四旋瓶用清水洗净，再以沸水消毒 30～60 s 后倒置备用。

6. 装　罐

装罐要保持适当的顶隙度（3～5 mm），并保持每罐的果块大小、色泽形态基本一致，保证固形物达 55%～60%。

7. 排　气

采用加热排气法，加热 10～15 min，至果块下沉。排气后立即密封。

8. 杀　菌

常压杀菌，100 °C 保温 15 min 后，产品分别在 65 °C、45 °C 和凉水中逐步冷却到 37 °C 以下。

9. 感官评价

有原果风味；组织软硬适度；块形完整，允许有轻微毛边，同一个罐头内果块的大小均匀。

五、结果分析

制作感官评价表并对罐头成品进行评价。

六、思考题

（1）糖水水果罐头加工过程中变色的主要因素有哪些？变色机理是什么？
（2）热烫对于果块的质量有何影响？
（3）灭菌后为什么要分段冷却？

实验三 果蔬汁制品的加工

一、实验目的

掌握果汁生产的基本工艺，熟悉各项工艺的操作要点以及成品质量要求。

二、基本原理

果汁是果实经过破碎、榨汁、过滤等方法取得的汁液，经过澄清或均质、脱气，然后装瓶、密封、杀菌后得以长期保藏的产品。凡是汁液含量丰富的果蔬，如番茄，苹果，葡萄，柑橘等均可用于果蔬汁的制备。

三、材料、器具及试剂

1. 材 料

新鲜果蔬（番茄）。

2. 器 具

破碎机、榨汁机、压盖机（无压盖机可用四旋玻璃罐）、玻璃瓶、高压均质机或胶体磨、纱布、温度计等。

3. 试 剂

0.1%异抗坏血酸钠、果胶酶、蔗糖、柠檬酸等。

四、步骤与方法

1. 工艺流程（图 3-1）

图 3-1 果蔬汁制品的加工工艺流程

2. 操作步骤

（1）原料选择 宜选择汁液丰富、九分熟且成熟度一致的无霉变的新鲜番茄，洗净晾干备用。

（2）热烫 沸水热烫 1 min。

（3）榨汁 加入 1 倍番茄质量的水与番茄混合进行打浆，同时加入 0.1%异抗坏血酸钠护色。

（4）酶解 果胶酶添加量 0.2%，酶解温度 40 °C，酶解时间 40 min。酶解结束后 90 °C 灭酶 30 s。

（5）过滤 用 300 目滤布过滤得到番茄汁。

（6）调配　根据喜好加入蔗糖、柠檬酸，调整糖酸比。番茄汁总糖含量需≥5 g/100 mL（以葡萄糖计），总酸≤0.5 g/100 mL（以柠檬酸计）。

（7）均质　使用高压均质机在 10 ~ 20 MPa 的压力均质，也可用胶体磨均质。

（8）脱气　采用热力脱气或真空脱气机进行脱气。

（9）杀菌、灌装　采用巴氏杀菌法，在 15 ~ 20 s 内升温至 93 ~ 95 °C，保持 15 ~ 20 s，降温至 90 °C，趁热保温在 85 °C 以上灌装于预消毒的容器中。

五、结果分析

1. 产品质量标准

汁液呈红色，橙红色或橙黄色，具有新鲜番茄汁应有的纯正滋味，无异味。汁液均匀浑浊，允许有少量的微小番茄肉悬浮在汁液中，静置后允许有轻度的分层，浓淡适中，但经摇动后，应保持原有的均匀浑浊状态，汁液黏稠适度。

2. 实验记录

完成实验记录表（表 3-3），分析加工制作出的番茄汁制品是否符合质量标准。

表 3-3　果蔬汁制品的加工实验数据记录表

产品名称	原料质量/kg	用水量/kg	果汁质量/kg	出汁率/%
番茄汁				

六、思考题

（1）果蔬汁加工过程中影响质量的主要因素有哪些？

（2）如何提高果蔬的出汁率？

实验四　果脯、果酱的加工

一、实验目的

明确果脯、果酱等糖制品生产的基本工艺，熟悉各工艺操作要点及成品质量要求，掌握常见糖制品的生产方法。

二、基本原理

糖制品按其加工方法分为果脯蜜饯类和果酱类，果脯蜜饯类属于高糖食品，大多含糖量在 50%～70%；果酱类属于高糖高酸类食品，含糖量多在 40%～65%，含酸量在 1%以上。

利用高浓度糖液产生的高渗透压作用及果胶凝胶的原理，采取高浓度的糖液处理果蔬，提高其含糖量（或形成良好凝胶状态），达到抑制微生物生长并长期保藏产品的目的。

三、材料、器具及试剂

1. 材　料

苹果、砂糖、琼脂或明胶等。

2. 器　具

不锈钢刀具（挖核、切分）、电子秤、不锈钢锅、温度计、手持糖量计、烘箱、烘盘、塑料薄膜热合封口机等。

3. 试　剂

柠檬酸、0.1%氯化钙、0.2%～0.3%亚硫酸氢钠、1%～2%食盐水或 0.2%的抗坏血酸等。

四、步骤与方法

（一）果脯类产品的加工——苹果脯的加工

1. 工艺流程（图 3-2）

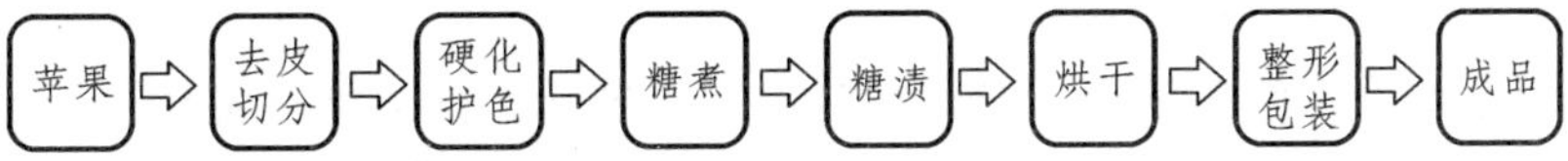

图 3-2　苹果脯的加工工艺流程

2. 操作要点

（1）原料选择　选用果形完整、果心小、成熟度适宜的原料。

（2）去皮、切分　用手工或机械去皮后，挖去损伤部分，将苹果对半纵向切开，再用挖核器挖掉果心。

（3）硬化、护色　将切好的果块立即放入 0.1%的氯化钙和 0.2%～0.3%的亚硫酸氢钠混合液中浸泡 6～12 h，进行硬化和护色。肉质较硬的品种只需进行护色。每 100 kg 混合液可浸泡 120 ~ 130 kg 原料。浸泡时上压重物，防止上浮。浸后取出，用清水漂洗 2 ~ 3 次备用。

（4）糖煮　苹果组织较紧密，一般采用多次加糖一次煮成法煮制。在不锈钢锅内配成 40%的糖液 25 kg，加热煮沸，按 1∶2 比例倒入果块，以旺火煮沸后，煮沸后加入 20%同浓度的冷糖液，重新煮沸。如此反复煮沸与补加糖液 3 次，共历时 30 ~ 40 min，待果块表面有皱纹出现，便可加糖煮制。加糖分 6 次进行，每次加糖都在沸腾时进行。第一、二次分别加糖 5 kg，第三、四次分别加糖 6 kg，第五次加糖 6 kg，以上每次加糖间隔 5 min，第六次加糖 7 kg，煮制 20 min。全部糖煮时间需 1 ~ 1.5 h，当果肉呈浅黄色时便可起锅。

（5）糖渍　趁热起锅后，将果块连同糖液倒入缸中浸渍 24 ~ 48 h，待果块透明发亮时，即可出锅烘烤干燥。

（6）烘干　将果块捞出，沥干糖液，摆放在烘盘上，送入烘箱，在 60 ~ 66 °C 下干燥，干燥期间要进行 2 次翻盘。当果块含水量为 17% ~ 18%，总糖含量为 70% ~ 85%时，可终止干燥，大约需要 24 h。

（7）整形、包装　将干燥后的果脯整形，剔除碎块，冷却后用玻璃纸或塑料袋密封包装，再装入垫有防潮纸的纸箱中。

（二）果酱类产品加工——苹果酱的加工

1. 工艺流程（图 3-3）

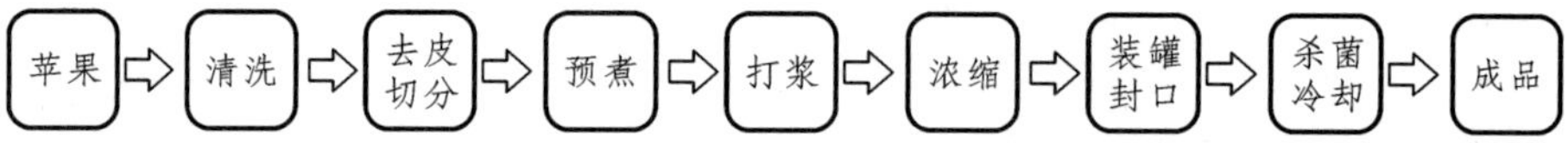

图 3-3　苹果酱的加工工艺流程

2. 操作步骤

（1）原料选择　宜选择成熟度适宜，含果胶及果酸成分多的、芳香味浓的苹果。

（2）原料处理　用清水将果面洗净后去皮、去心，将苹果切成小块，并用 1% ~ 2%的食盐水或 0.2%的抗坏血酸溶液进行护色。

（3）预煮　将切好的果块倒入不锈钢锅内，加果重 10% ~ 20%的水，煮沸 15 ~ 20 min，要求果肉煮透，使之软化，防变色。

（4）打浆　用打浆机打浆或用破碎机破碎。

（5）配料　按果肉 100 kg 加糖 70 ~ 80 kg（其中砂糖的 20%宜用淀粉糖浆代替，砂糖加入前需预先配成 75%浓度的糖液）和适量的柠檬酸。

（6）浓缩　先将果浆倒入锅中，分 2 ~ 3 次加入糖液，在可溶性固形物达到 60%时加入柠檬酸调节果酱的 pH 为 2.5 ~ 3.0，待加热浓缩至可溶性固形物达到 65%以上时出锅。

（7）装罐、封口　出锅后立即趁热装罐，封罐时酱体的温度不低于 85 °C。

（8）杀菌、冷却　封罐后立即投入沸水中 5 ~ 15 min，杀菌后分段冷却到 38 ~ 40 °C。

五、结果分析

1. 产品质量标准

（1）苹果脯产品标准：呈浅黄色至金黄色，有透明感和弹性，不返砂，不流汤，甜酸适度，并具有原果风味。

（2）苹果酱产品标准：颜色为酱红色或琥珀色；黏胶状，不流散，不流汁，无糖结晶，无果皮、种籽及果梗；具有果酱应有的良好风味，无焦糊和其他异味；可溶性固形物不低于65%（按折光计)。

2. 数据记录及处理

完成实验记录表（表 3-4)，分析加工制作出的苹果糖制品是否符合质量标准。

表 3-4　果脯、果酱的加工实验数据记录表

产品名称	原料毛重/kg	原料净重/kg	耗糖量/kg	成品重量/kg
果脯				
果酱				

六、思考题

（1）糖煮时，为何实行分次加糖？

（2）加工苹果酱时，可以不外加柠檬酸吗？

实验五　果蔬腌制品的加工

一、实验目的

掌握泡菜、糖醋菜等蔬菜腌制品生产的基本工艺，熟悉工艺操作要点和成品质量要求。

二、基本原理

蔬菜腌制是利用食盐的渗透压作用对部分微生物的抑制，或利用乳酸菌、酵母菌、醋酸菌的发酵作用来保藏制品，同时，改善产品的口感和风味。

三、材料、器具及试剂

1. 材　料

萝卜、甘蓝、豇豆、鲜大蒜、食盐、糖、香料、生姜、酒等。

2. 器　具

泡菜坛、瓷坛、不锈钢刀、砧板、盆、铝锅等。

3. 试　剂

氯化钙。

四、步骤与方法

（一）泡菜的加工

1. 工艺流程（图 3-4）

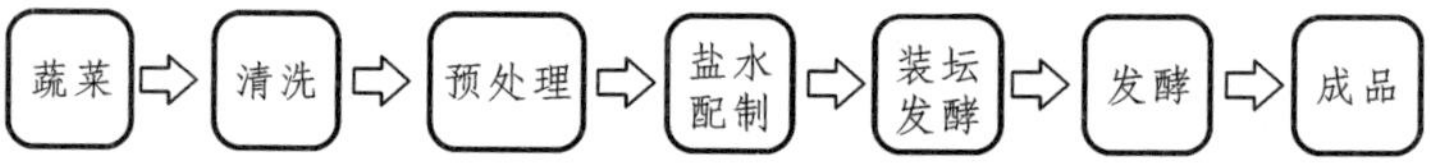

图 3-4　泡菜的加工工艺流程

2. 操作步骤

（1）清洗、预处理　将蔬菜用清水洗净，剔除不适宜加工的部分，如粗皮、老筋、须根及腐烂斑点；对块形过大的，应适当切分。稍加晾晒或沥干生水备用，避免将生水带入泡菜坛中引起败坏。

（2）盐水（泡菜水）配制　泡菜用水最好使用井水、泉水等饮用水。如果水质硬度较低，可加入 0.05%的 $CaCl_2$。一般配制与原料等重的 5%～8%的食盐水。再按盐水量加入 2%左右的糖、3%的辣椒、5%的生姜、0.05%的八角、0.1%的花椒、0.1%的茴香、1.5%的白酒，还可按各地的嗜好加入其他香料，将香料用纱布包好。为缩短泡制的时间，常加入 3%～5%的陈泡菜水，以加速泡菜的发酵过程。

（3）装坛发酵　取无砂眼或裂缝的坛子洗净，沥干水分，放入半坛原料压紧，加入香料袋，再放入原料至离坛口 5 ~ 8 cm，注入泡菜水，使原料被泡菜水淹没，盖上坛盖，注入清洁的坛沿水或 20%的食盐水，将泡菜坛置于阴凉处发酵。发酵最适温度为 20 ~ 25 °C。成熟后便可食用。成熟所需时间，夏季一般 5 ~ 7 d，冬季一般 12 ~ 16 d，春秋季介于两者之间。

（二）糖醋蒜的加工

1. 工艺流程（图 3-5）

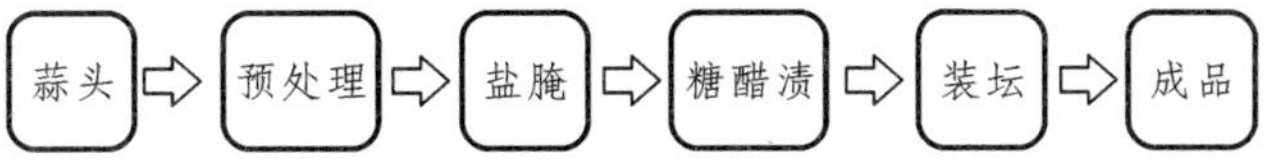

图 3-5　糖醋蒜的加工工艺流程

2. 操作步骤

（1）预处理　选择鳞茎整齐、肥大的白皮蒜为原料，剪去须根和前茎（前茎稍高鳞）洗净备用。称取石灰 1 kg，加水 50 kg，搅匀，澄清备用。将洗净的大蒜放入缸内，然后取石灰澄清液浸泡大蒜，石灰液的用量以淹没大蒜为度，浸泡 24 h 取出冲洗，再用清水漫泡，每日换水 3 ~ 4 次，以除去辛辣味，共需浸泡 4 ~ 5 d，捞起沥干水分。

（2）盐腌　取 50 kg 蒜头，用盐 5 kg，每放一层蒜，撒一层盐，每天倒缸一次，腌制 7 d，捞出用水冲洗干净，晾干备用。

（3）糖醋渍　糖醋液的配制方法为按 100 kg 半干咸蒜头用食醋 70 kg、糖 18 kg（醋和糖的比例也可根据个人喜好调整），为增进风味，可适当加一些调味品，如加入 0.5%酒，0.05% ~ 0.1%的香料，香料先用水煮沸过滤后备用。把醋煮沸，再加进糖溶解，最后加入其他调味品，晾凉备用。

（4）装坛　将盐腌好的蒜装入坛内，不要过满，以离坛口 3 ~ 4 cm 为度，倒入冷糖醋液，封坛，约经 2 个月即可成熟。

五、结果分析

1. 产品质量标准

（1）泡菜质量标准

清洁、卫生、色泽美观、香气浓郁、质地清脆、组织细嫩、咸酸适度；含盐量为 2% ~ 4%、含酸量（以乳酸计）为 0.4% ~ 0.8%。

（2）糖醋蒜质量标准

成品糖醋蒜皮呈褐色，蒜肉黄褐色，质地脆嫩，酸甜适口，略带咸味，无异味；总糖 15% ~ 30%、总酸 1% ~ 3%。

2. 数据记录及处理

列表记载新鲜原料的种类与处理前后的重量，香辛料的种类与用量，腌制温度，成熟所需时间，砂糖用量，产品的色泽、香味、风味等。

六、注意事项

泡菜如果管理不当会败坏变质，必须注意以下几点：

（1）保持坛沿清洁，经常更换坛沿水，或使用 20%的食盐水作为坛沿水。揭坛盖时要轻，勿将坛沿水带入坛内。

（2）取食泡菜时，用清洁的筷子取食，勿使油脂混入。取出的泡菜不要再放回坛中，以免污染。

（3）如遇长膜生花，加入少量白酒，或苦瓜、紫苏或大蒜头，以减轻或阻止长膜生花。

（4）泡菜制成后，一面取食，一面再加入新鲜原料，适当补充盐水，保持坛内一定容量。

七、思考题

（1）影响泡菜和糖醋菜质量的主要因素有哪些？

（2）泡菜的风味是如何形成的？

实验六　果蔬干制品的加工

一、实验目的

通过本实验，了解我国传统干制技术及现代干燥方式的优缺点，掌握果蔬干制的一般方法，掌握评价干制品品质的简便方法。

二、基本原理

果蔬干制是在自然或人工控制条件下，将果蔬原料内的大部分水分去除，使其中可溶性物质的浓度提高到微生物难以利用的程度，同时在干制后，果蔬本身所含的酶类的活性也受到抑制，从而可以较长时间地保藏产品。在果蔬原料干燥过程中，介质的温度、湿度、气流速度、果蔬原料的种类和组织状态及原料在干燥时的装载量都对干燥过程和制品品质有重要影响。

三、材料、器具及试剂

1. 材　料

萝卜。

2. 器　具

烘箱、托盘、菜刀等。

3. 试　剂

0.5%柠檬酸

四、步骤与方法

1. 工艺流程（图 3-6）

图 3-6　果蔬干制品的加工工艺流程

2. 操作步骤

（1）选料　选用肉质细嫩、致密、含糖量较高的品种，除去叶丛、须根和腐坏部分洗净。

（2）切条（或丝）　将萝卜切成直径约 3 mm、长一般 10 ~ 15 cm（随萝卜大小而定）的细长均匀长段，或切成约 3 mm 厚的圆片。

（3）干制前处理

将切分后原料分成 3 份，分别做如下不同处理：

① 蒸煮：将原料以薄层铺在蒸架上，蒸时锅内水应沸腾，蒸 3 ~ 6 min，至原料呈半透

明状为止（注意不能蒸熟）。

② 浸渍：用 0.5%柠檬酸浸渍 10 min，然后捞出沥干备用。

③ 不处理。

（4）烘干

将处理好的原料铺放在烘盘上，置烘箱中烘烤（相对湿度 60% ~ 70%，温度 45 ~ 55 °C）。干燥结束原料应充分干燥，变硬但柔软，紧握时不粘手。

（5）回软　将干燥后制品剔去过湿、过大、过小和结块的制品与碎屑，待其冷却后存放于容器中，使制品的含水量均匀一致，质地也稍有回软。

（6）包装贮藏

密封置于干燥通风处，注意防雨、防潮、防虫。

五、结果分析

1. 产品质量标准

产品形态应基本完好，厚度基本均匀，且基本无碎屑；呈黄褐色且色泽一致具有萝卜特有的滋味、清香纯正、口感有韧劲；无肉眼可见外来杂质。

2. 数据记录及处理

对比不同处理产品品质。

六、注意事项

（1）干燥制品厚度不宜太厚，也不宜过薄；

（2）烘干过程中应间隔一段时间进行翻面。

实验七　果酒酿造

一、实验目的

掌握果酒加工的基本原理，熟悉原料对果酒加工品质的影响。学习果酒的典型制作方法，熟悉工艺操作要点以及成品质量要求。

二、基本原理

果酒的酿造是利用有益微生物酵母菌将果汁中可发酵性糖类经酒精发酵作用生成酒精，同时产生甘油、乙醛、醋酸、乳酸和高级醇等副产物，再在陈酿澄清过程中经酯化、氧化、沉淀等作用，赋予果酒特殊风味，最终形成酒液澄清、色泽鲜美、醇和芳香的产品。

三、材料及器具

1. 材　料

红色品种葡萄（300 kg）、蔗糖、酒石酸、偏重亚硫酸钾、葡萄酒酵母（干酵母或试管菌种）、明胶、单宁等。

2. 器　具

pH 计、手持糖量计、酒精计、温度计、密度计等。破碎机、榨汁机、发酵罐（50 ~ 500 L 或 10 L 玻璃发酵瓶）、贮酒罐（桶）等。

四、步骤与方法

1. 红葡萄酒酿造工艺流程（图 3-7）

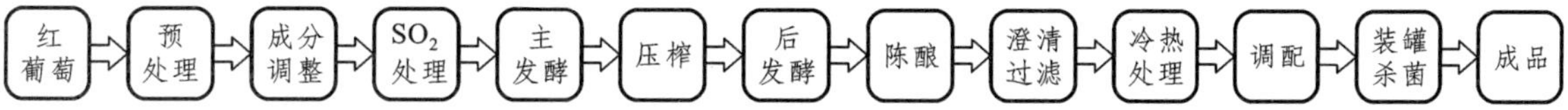

图 3-7　红葡萄酒酿造工艺流程

2. 操作步骤

（1）原料选择、分选、清洗　原料应色泽深、果粒小，风味浓郁，果香典型；原料糖分要求达 21%以上，最好达 23% ~ 24%；原料要求完全成熟，糖、色素含量高而酸不太低时采收。常用的品种主要有赤霞珠、美乐、黑比诺等。

原料进行认真挑选，剔除霉变、未成熟颗粒，并进行彻底清洗，若受到微生物污染或有农药残留，可用浓度为 1% ~ 2%的稀盐酸浸泡或加入 0.1%高锰酸钾，以增强洗涤效果。

（2）破碎与除梗　每颗果粒都应破裂，但不能将种子和果梗破碎，破碎过程中，葡萄及汁不得与铁、铜等金属接触。破碎后的果浆应立即进行果梗分离，防止果梗中的青草味和苦涩物质溶出，还可减少发酵醪体积，便于输送，同时防止果梗固定色素而造成色素的损失。破碎可采用人工或机械破碎。

（3）葡萄浆成分的调整　葡萄浆液含糖量应在 18 ~ 20 g/100 mL（成品酒度 10% ~ 12%）。加糖量计算公式为：

$$m=\frac{V(1.7A-p)}{100-1.7A\times 0.625}$$

式中　m——应加固体砂糖量，kg；

p——果汁的原含糖量，g/100 mL；

v——果汁的总体积，L；

A——发酵要求达到的酒精度；

0.625——每 1 kg 砂糖溶于水后增加 0.625 L；

1.7——1.7 g 糖能生成 1%酒。

葡萄浆液含酸量应在 0.8 ~ 1.2 g/100 mL。

测定葡萄含糖量，确定是否添加糖。若需添加糖，加糖前应量出较准确的葡萄汁体积，一般每 200 L 加一次糖。加糖时先将糖用少量果汁溶解，制成糖浆，再加入大批果汁中，充分搅拌，使其完全溶解，加糖最好在酒精发酵开始前进行。

测定葡萄含酸量，确定是否添加酸。若需添加酸，可采用酒石酸。加酸时先将酒石酸用水配制成 50%的水溶液，然后再添加到葡萄浆液中。

（4）SO_2 处理　发酵醪中 SO_2 含量一般要求达到 30 ~ 100 mg/L，添加不能过量。具体添加量根据原料情况而定，一般添加量如表 3-5 所示。

表 3-5　SO_2 添加量

原料状况	SO_2 添加量/mg · L^{-1}
健康葡萄，一般成熟，强酸度（pH 3.0）	30 ~ 50
健康葡萄，完全成熟，弱酸度（pH 3.5）	50 ~ 100
带生葡萄，破损，霉烂	100 ~ 150

为了便于操作，一般添加固体亚硫酸盐。固体亚硫酸盐应注意其有效 SO_2 含量，常用固体亚硫酸盐及有效 SO_2 含量如表 3-6 所示。

表 3-6　硫化物中有效二氧化硫含量

试剂名称	纯试剂中二氧化硫含量/%	实际使用时计算量/%
偏重亚硫酸钾（$K_2S_2O_5$）	57.65	50
亚硫酸氢钾（$KHSO_3$)	53.31	45
亚硫酸钾（K_2SO_3）	33.0	25
偏重亚硫酸钠（$Na_2S_2O_5$）	67.43	64
亚硫酸氢钠（$NaHSO_3$）	61.59	60
亚硫酸钠（Na_2SO_3）	50.84	50

固体亚硫酸盐使用时，先将固体溶于水，配制成 10%溶液，然后按工艺要求添加。

（5）主发酵　发酵罐或桶、泵、管道等辅助设备必须采用 SO_2 消毒处理；试管装葡萄酒酵母必须经过活化处理，活化后酒母添加量为 3%～10%；干酵母则可用温水活化后直接添加；发酵液的装入量控制在发酵设备有效体积的 80%～85%；低温发酵温度为 15～16 °C，发酵时间为 5～7 d；高温发酵温度为 24～26 °C，发酵时间为 2～3 d；发酵最高温度不超过 30 °C；发酵过程应定期检查糖度、密度、pH 等。当相对密度达到 1.01～1.02 时，结束主发酵。

（6）压榨分离新酒　主发酵结束后，要及时进行酒渣分离，分离温度控制在 30 °C 以下。先分离自流原酒，然后再进行压榨。

（7）后发酵　后发酵罐必须在 24 h 内装满新酒，装量为发酵罐有效体积的 95%左右，上部留出 5～15 cm 空间，补充添加 SO_2，添加量为 30～50 mg/L，发酵温度控制在 18～25 °C，发酵时间为 5～10 d。

相对密度下降至 0.993～0.998 时，发酵基本停止，糖分已全部转化，可结束后发酵。

（8）陈酿　贮酒室温度一般保持在 12～15 °C；空气相对湿度要保持在 85%～95%；室内有良好的通风设施，能定期进行通风换气。将后发酵结束的原酒，用酒泵（或虹吸管）转入专用贮酒容器（罐、瓶）中密封，送入贮酒室。抽取原酒时，注意除去酒脚（发酵罐底部沉淀物）。此为第一次倒酒。第一次倒酒后，冬季一般每周添酒 1 次，高温时每周添酒 2 次。第一次倒酒 2～3 月后进行第二次倒酒。第二次倒酒后每月添酒 1～2 次。以后可根据陈酿期，每隔 10～12 个月倒酒 1 次。

优质红葡萄酒陈酿期一般 2～4 年。

（9）澄清　选择合适的澄清剂，要求澄清剂不会对酒的品质产生任何影响。本实验以明胶-单宁法为例，参考用量为 8～18 g/100 L 红葡萄酒。

澄清温度以 8～20 °C 最为理想，经过澄清的红葡萄酒呈现澄清透明状，在 –7 °C 经 7 d 放置，检查不发浑。经 2～3 周澄清后，将上清液（酒）及时用酒泵抽出，迅速与酒脚分离。

（10）过滤　采用硅藻土过滤机进行过滤。每吨酒硅藻土用量 0.5～3.0 kg。

（11）冷热处理　冷处理温度稍高于葡萄酒的冰点 0.5～1 °C，一般在 –7～ –4 °C。冷处理不能使酒出现冻结。冷处理时间 5～7 d。热处理温度为 67 °C，15 min。

冷处理采取间接冷冻法，将贮酒罐放在冷库，靠库温进行降温处理。每天测定贮酒罐内温度，防止温度过低，出现冻结。冷处理完毕，应在低温下过滤，除去沉淀物。将过滤后的酒放入一个密闭容器内，进行热处理。将酒间接加热（如水浴锅）到 67 °C，保持 15 min。

（12）调配。以葡萄酒的分类为依据，设计配酒方案。

（13）装瓶、杀菌　空瓶必须进行彻底清洗，用高压灭菌锅（121 °C，15 min）进行灭菌。葡萄酒杀菌温度 65～68 °C，杀菌时间 30 min。

将封盖的酒瓶放入水浴锅中，逐渐升温，使瓶子中心温度达到 65～68 °C，保持时间 30 min 即可。以木塞封口，水溶液面应在瓶口下 4.5 mm 左右，若采用皇冠盖，水面则可淹没瓶口。

杀菌后将商标粘贴在瓶子适当位置，要求粘贴牢固平整，装箱即为成品。

五、结果分析

列表记载新鲜原料重量，原料的含糖量、含酸量及调整后发酵醪液的含糖量、含酸量，发酵液温度与发酵时间，杀菌方法与时间，成品的色泽、滋味、气味、酒度、酸度等。

六、思考题

（1）用所学知识，谈谈果酒加工方案应从哪几个方面考虑？

（2）发酵温度、酸度对发酵质量和发酵速度有哪些影响？在生产中如何控制？

实验八　果醋酿造

一、实验目的

掌握果醋加工的基本原理，了解原料对果醋加工品质的影响。掌握果醋的生产工艺流程，熟悉工艺操作要点以及成品质量要求。

二、基本原理

果醋是利用水果为原料，通过菌种协同作用发酵而成的食醋产品。因水果营养丰富且有丰富的芳香物质，因此酿制的醋不仅有水果的芳香，而且酸味比粮食醋柔和，风味明显优于粮食醋，已被列入保健醋行列。是欧美、日本等国家主要的食醋种类。果醋可选用的原料有苹果、梨、葡萄、沙棘、红枣、杏、山楂、橘子、草莓、香蕉等。

三、材料及器具

1. 材　料

苹果、蔗糖、明胶-单宁、葡萄酒酵母、醋酸菌种。

2. 器　具

折光仪、发酵罐、台秤、温度计、酒精计、榨汁机、离心机等。

四、步骤与方法

1. 苹果醋（发酵型）酿造工艺流程（图 3-8）

图 3-8　苹果醋酿造工艺流程

2. 操作要点

（1）原料选择　选择新鲜成熟苹果为原料，要求糖分含量高，香气浓，汁液丰富，无霉烂果。

（2）榨汁　将分选洗涤的苹果榨汁、过滤，使皮渣与汁液分离。

（3）粗滤　榨汁后的果汁可采用离心机分离，除去果汁中所含的浆渣等不溶性固形物。

（4）澄清　可用明胶-单宁澄清法，明胶、单宁用量通过澄清实验确定；或用加热澄清法，将果汁加热到 80 ~ 85 °C，保持 20 ~ 30 s，可使果汁内的蛋白质絮凝沉淀。

（5）过滤　将果汁中的沉淀物过滤除去。

（6）果汁成分调整　澄清后的果汁根据成品所要求达到的酒精度调整糖度一般可调整到 17%。

（7）酒精发酵　用木桶或不锈钢罐进行，装入果汁量为容器体积的 2/3，将经过三级扩大培养的酵母液接种发酵（或用葡萄酒干酵母，接种量为 150 mg/kg），一般发酵温度 24～26 °C，时间为 2～3 周，使酒精浓度达到 9%～10%。发酵结束后，将酒榨出，然后放置 1 个月左右，以促进澄清和改善质量。

（8）醋酸菌培养　一级种子培养：取一环活化后的醋酸菌种接入装有 10 mL 液体种子培养基的试管中，在旋转式恒温摇床上于 33 °C、200 r/min 培养 24 h。二级种子培养：以 1%（体积分数）的接种量将培养 24 h 后的一级种子转接至装有 300 mL 二级种子培养液摇瓶中，在旋转式恒温摇床上于 33 °C、200 r/min 条件下培养 24 h。

（9）醋酸发酵　将苹果酒转入木桶、不锈钢桶中，装入量为 2/3，接入醋酸菌二级种子液 5%～10%混合，并用管孔不断通入氧气，保持室温 20 °C，当酒精含量降到 0.1%以下时，说明醋酸发酵结束。将菌膜下的液体放出，尽可能不使菌膜受到破坏，再将新酒放到菌膜下面，醋酸发酵可继续进行。

（10）陈酿　常温陈酿 1～2 个月。

（11）澄清　将果醋进一步澄清。

（12）灭菌　将果酒用蒸汽间接加热到 80 °C，趁热装瓶。

五、结果分析

将实验数据填入表 3-7 中。

表 3-7　果醋酿造实验数据记录表

产品名称	原料毛重/kg	加糖量/kg	其他辅料/kg	成品重量/kg	成品核算/元·kg^{-1}
苹果醋					

六、思考题

（1）果醋加工过程中，影响成品品质的关键步骤有哪些？

（2）果醋加工过程中出现了哪些问题？你是如何解决的？

实验九　果蔬速冻制品加工

一、实验目的

掌握果蔬速冻制品加工的基本原理，了解原料对果蔬速冻制品品质的影响。熟悉果蔬速冻工艺操作要点。

二、基本原理

速冻是一种快速冻结的低温保鲜法。所谓速冻果蔬，就是将经过处理的果蔬原料，在 $-35 \sim -25$ °C 的温度下使之迅速冻结，然后在 $-20 \sim -18$ °C 的低温下保存待用。速冻保藏，是当前果蔬加工保藏技术中能最大限度地保存果蔬原有风味和营养成分较理想的方法。

采用速冻方法排出果蔬中的热量，使果蔬中的水变成固态冰晶结构，并在低温条件下保存，果蔬的生理生化作用得到控制，也有效地抑制了微生物的活动及酶的活性，从而使产品得以长期保存。

随着“冷链”配备的不断完善和家用微波炉的普及，速冻制品已经成为日常很重要的方便性食品，同时伴随着速冻设备及技术的不断进步，速冻食品的质量也有了较大的提高，速冻加工保藏将是较先进且理想的加工方法。

三、材料、器具及试剂

1. 材　料

豌豆。

2. 器　具

筛子、不锈钢锅、聚乙烯薄膜袋、封口机、冷冻机等。

3. 试　剂

2%盐水。

四、步骤与方法

1. 速冻豌豆工艺流程（图 3-9）

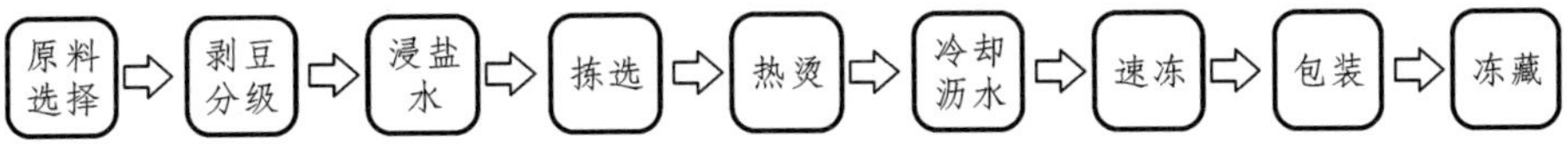

图 3-9　速冻豌豆工艺流程

2. 操作要点

（1）原料选择　豆粒要新鲜、饱满、均匀一致，呈鲜绿色、色泽一致，以乳熟期为好，此时含糖量高，质地柔软，甜嫩适口。

（2）剥豆粒、分级　用人工或机器剥荚，剥出的豆粒按直径用筛子分级。要求豆粒直径不小于 5 mm。

（3）浸盐水　将豆粒放入 2%盐水中浸泡约 30 min，驱虫并分离老熟豆。将上层的嫩绿豆捞出，下层的老熟豆另做他用。浸泡后的豆用清水冲洗干净。

（4）拣选　将漂洗后的豆倒在工作台上，剔除异色豆、有破裂和病虫害豆，除去碎荚及草屑等杂质。

（5）热烫　将豆粒放入沸水中热烫 1.5 ~ 3 min，并适当翻动，使受热均匀，烫至品尝无豆腥味为适宜。

（6）冷却、沥水　热烫后的豆粒立即投入 5 ~ 10 °C 冷水中冷却，轻轻搅拌，后捞出沥干水分。

（7）速冻　可采用流化速冻。将豆粒均匀铺放在流化床输送带上，厚度以 30 ~ 40 mm 为宜，速冻温度为 - 35 ~ - 30 °C；气流速度为 4 ~ 6 m/s；冻结时间为 3 ~ 8 min，至中心温度达到 - 18 °C 以下。

（8）包装　用聚乙烯薄膜袋包装后装箱。

（9）冻藏　包装后的豌豆迅速放入低温冷库中，冻藏温度为 - 18 °C 以下。冻藏期限为 12 ~ 18 个月。

五、结果分析

对产品进行感官评价，并对照标准 CXS 41—1981《速冻豌豆》进行产品检验。

六、思考题

影响果蔬速冻制品品质的因素有哪些？

实验十 鲜切蔬菜加工

一、实验目的

掌握鲜切蔬菜加工的基本原理，了解原料对鲜切蔬菜品质的影响。熟悉几种典型鲜切蔬菜生产工艺的流程，并熟悉其工艺操作要点。

二、基本原理

鲜切蔬菜又称最少加工蔬菜，与传统的加工蔬菜相比，具有品质新鲜、食用方便、营养卫生等特点。但由于受到机械切割，使组织细胞破裂，营养物质外流，极易造成微生物污染，且呼吸加快、酶促和非酶促褐变加快等都会加剧鲜切菜品质的下降，缩短货架期，因此，鲜切菜的保鲜、杀菌处理是鲜切菜加工的关键。

可利用杀菌剂与先进的保鲜贮藏手段对鲜切菜起到防腐保鲜作用。常用杀菌剂如氯气、次氯酸钠或次氯酸钙、臭氧、电解酸性水等；保鲜可采用低温、气调等手段。

三、材料、器具及试剂

1. 材 料

胡萝卜。

2. 器 具

臭氧发生器、去皮刀、切刀、密封袋、封口机等。

3. 试 剂

次氯酸钠溶液、盐水。

四、步骤与方法

1. 鲜切胡萝卜丝工艺流程（图 3-10）

图 3-10 鲜切胡萝卜丝工艺流程

2. 操作步骤

（1）原料验收 要求原料新鲜、无腐烂、损伤等不良品质。

（2）清洗 将原料用流动水清洗，除去表面泥沙、污物及残留农药。

（3）皮杀菌 原料放入浓度为 25 ~ 30 mg/kg 次氯酸钠溶液中，处理 15 min。

（4）去皮 用去皮刀在喷淋水下去皮，切去两头。要求去皮干净，芯不发绿，无残皮、变色等不合格品。

（5）切丝　用切丝机或手工切丝，切丝规格为 4 mm×4 mm×60 mm。

（6）挑选　将发黄、发白和发绿的胡萝卜丝及不合要求的原料剔除，并泡入清水中

（7）杀菌　将胡萝卜丝分别放入清水（对照），或浓度为 6 ~ 10 mg/kg、11 ~ 15 mg/kg、20 ~ 25 mg/kg 的次氯酸钠杀菌液中杀菌 10 min。

（8）清洗、沥干　杀菌后的胡萝卜丝进一步用流动水清洗后，沥干水分。

（9）装袋、封口　沥干水分的胡萝卜丝装袋，同时注入 2%盐水后封口。

（10）冷却　包装后的产品放入 1 ~ 4 °C 冷水中冷却至产品中心温度为 2 ~ 4 °C。

（11）冷藏　产品放入 1 ~ 2 °C 冷库中冷藏。

五、结果分析

根据表 3-8 所测数据对比试验结果并分析原因。

表 3-8　鲜切蔬菜加工实验数据记录表

处理		贮藏天数/d			
		1 ~ 2	3 ~ 5	6 ~ 9	10 ~ 14
未杀菌					
次氯酸钠	6 ~ 20 mg/kg				
	11 ~ 15 mg/kg				
	20 ~ 25 mg/kg				

六、思考题

对鲜切菜加工不用杀菌剂可以吗？为什么？

第四章 长江上游特色果蔬系列产品加工实验

实验一 榨菜系列产品的加工

项目一 方便榨菜的加工

一、实验目的

熟悉榨菜加工原理，掌握榨菜加工的工艺流程及操作要点，熟悉榨菜产品品质要求。

二、基本原理

蔬菜腌制的原理主要是利用食盐的防腐保藏作用、微生物的发酵作用、蛋白质的分解作用以及其他的生物化学作用，抑制有害微生物活动和增加产品的色、香、味。

榨菜作为我国腌制菜的一个重要品种，是以茎用芥菜膨大的茎（青菜头）为原料，经去皮、切分、脱水、盐腌、拌料装坛（或入池）、后熟等工艺加工而成，根据脱水方法不同，有自然风脱水和盐脱水两种，本实验以风脱水为例。

三、材料及器具

1. 材　料

原料：茎用芥菜（青菜头要求基部膨大、质地细密、粗纤维少）。

辅料：食盐、辣椒粉、八角、生姜、肉桂、白胡椒等。

2. 器　具

包装袋（三层复合袋）、夹层锅、真空封口机、天平、腌菜缸等。

四、步骤与方法

1. 风脱水榨菜工艺流程（图 4-1）

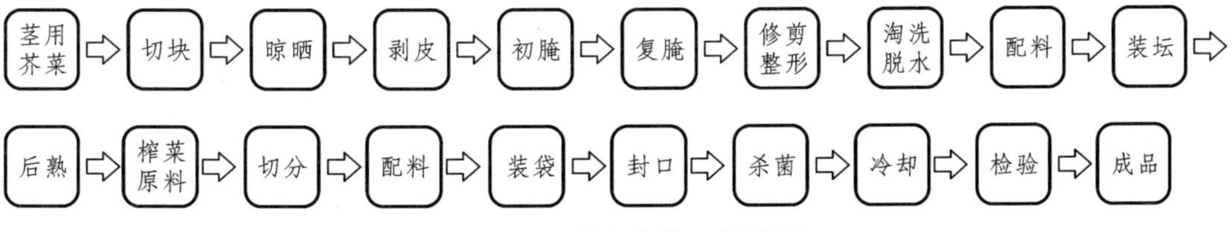

图 4-1　风脱水榨菜工艺流程

2. 操作步骤

（1）分类划块　依原料重量进行分级，并进行划块，使块型大小均匀，老嫩兼顾。

（2）晾晒　先将菜块的粗皮老筋剥掉，然后按菜块大小，分别穿串，挂于特制的晒架上晾晒至菜块表面皱缩，周身柔软，无硬心。

（3）剥皮　将晾晒好的菜块剥去全部老皮并修整。

（4）初腌　按层菜层盐（菜块总量 8%左右），逐层压实的操作方法，至缸（池）满。撒上盖面盐，压紧腌制 72 h。

（5）翻菜　菜块盐渍后捞出，上囤、压紧、压榨。经 24 h 后，收得初腌咸坯。

（6）复腌　初腌咸坯计量入缸（池），按一层菜一层盐（菜块总量 8%），逐层压实的操作方法，至缸（池）满，撒盖面盐，压紧。24 h 后，早、晚压菜各一次，7 d 后捞出上囤，再压实，压榨。收得复腌咸坯。

（7）修剪　复腌菜坯上囤 24 h 后，散囤。用剪刀修去老皮，挑出老筋，剪掉菜耳，除去斑点，使菜坯光滑整齐。

（8）整形　经过改刀整形，使菜块大小均匀，形状美观。

（9）淘洗　用盐渍菜卤的澄清液，将修剪整形菜块反复淘洗 3 次，洗净泥沙杂物。

（10）压榨脱水　经淘洗后的菜块，立即上囤，踩实压紧。靠自重压力脱水 24 h。

（11）配料　将淘洗上囤的菜块，按每个人喜好加盐、辣椒、花椒、混合香料粉，搅拌均匀。

（12）装坛　将拌好辅料的菜坯分层装入坛内，层层压实，每坛在坛口撒上适量食盐，转入发酵后熟。

（13）发酵后熟　将装好菜坯的菜坛置阴凉干燥处，经 2 个月后熟，即为成品。后熟期间，在 20 d 左右时，应打开坛口检查，发现菜块下落，要立即添加同级的新菜坯；发现生霉要立即取出，另换新菜坯。

（14）切分　将腌制好的榨菜原料按成品要求切分为片状、丝状或颗粒状。

（15）装袋。

（16）封口　0.09 ~ 0.10 MPa 的真空度下，4 ~ 5 s 抽空封口。

（17）杀菌　封口后及时进行杀菌，采用 85 °C、8 min 蒸汽杀菌。

（18）冷却　杀菌后立即投入水中进行冷却，以尽量减轻加热所带来的不良影响。

五、结果分析

（1）感官指标：味鲜、微辣、咸淡适口、回味返甜、无异味；质地嫩脆、无老筋；性状大小基本一致。

（2）理化指标：水分≤90%，含盐量≤15%，含酸量（以乳酸计）≤1.0%。

六、思考题

（1）榨菜香气与滋味的形成途径有哪些？

（2）风脱水与盐脱水的区别及优缺点有哪些？

（3）提高方便榨菜的保藏性可从哪几方面采取哪些措施？

项目二　榨菜肉末的加工

一、实验目的

熟悉榨菜肉末加工的工艺流程，掌握榨菜肉末加工的操作要点。

二、基本原理

榨菜是世界上有名的三大酱腌菜之一，榨菜质地脆嫩，风味鲜美，营养丰富，具有特殊酸味和咸鲜味。成熟榨菜可以直接食用，也可以再加工为其他成品如榨菜肉末、榨菜肉馅月饼等等。榨菜再加工不仅丰富了榨菜的利用途径，也为各类食品增加特殊风味。

三、材料及器具

1. 材　料

猪肉、榨菜、色拉油、辣椒粉、白砂糖、鸡精、食盐、五香粉（花椒、胡椒、八角、桂皮、茴香）。

2. 器　具

菜刀、炒锅、托盘、包装袋、恒温水浴锅等。

四、步骤与方法

1. 工艺流程（图 4-2）

选择猪肉 ⇨ 修整 ⇨ 清洗 ⇨ 切分 ⇨ 榨菜切丁 ⇨ 配比 ⇨ 炒制 ⇨ 冷却 ⇨ 装袋封口 ⇨ 杀菌 ⇨ 冷却 ⇨ 成品

图 4-2　榨菜肉末的加工工艺流程

2. 操作步骤

（1）原料肉的选择　选择市场上新鲜且合格的猪肉，肥瘦要适宜，不宜过肥或者过瘦。

（2）原料肉修整、清洗、切分　首先原料需要修整，去除残留淋巴、病灶、淤血、浮毛、表面风干氧化层、软骨及其他污染物和杂质，用水洗净后，将肥肉和瘦肉切分开来，并切成 1 mm 左右的肉末。

（3）榨菜切丁　整理好的榨菜切成大约 5 mm×5 mm 的菜粒。

（4）炒制　将适量色拉油加热至 150 °C，投入辣椒粉，然后投入拌好的原料肉，均匀炒制 1 min 后投入榨菜及少许白砂糖，炒制 3 min，让肉末均匀分布于榨菜中，最后加入鸡精、食盐与五香粉等炒制 1 min 起锅。

（5）冷却　将炒制好的榨菜肉末起锅后放于干净的托盘上摊凉，待热气散发，冷却至常温时便可进行包装。

（6）装袋和封口　将冷却后的榨菜肉沫装入事先准备好的包装袋中，质量定为(100±5) g/袋，然后再用真空封口机封口。充气 21 s，排气 5.2 s，加热温度：中，加热时间 3.4 s，冷却时间 2.6 s。

（7）灭菌 85 °C，水浴灭菌 20 min 后待表面干燥，即成产品。

五、结果分析

由 5 ~ 10 人组成感官评定小组，对制作且包装好的榨菜肉末成品进行感官检验，对其色、香、味、形按表 4-1 内容进行评分。

表 4-1 榨菜肉末感官评价表

项目	评分标准	评分
色	黄绿菜粒中夹杂正常颜色肉末，榨菜表面油亮鲜红	15 ~ 20
	菜着色不均，猪肉色泽暗红	10 ~ 14
	榨菜颜色暗哑，猪肉色泽黑红	0 ~ 9
香	有猪肉的清香和榨菜特有的腌制香气和调料的香气	7 ~ 10
	调味料香气过重，隐约闻得到猪肉和榨菜特有的香气	4 ~ 6
	有炒糊的焦味道，猪肉和榨菜的香气基本没有	0 ~ 3
味	香辣适口，肉有嚼劲，榨菜脆爽可口	15 ~ 20
	味道略淡或略咸，但是肉和榨菜却保有自身的风味	10 ~ 14
	过咸或者过淡，肉和榨菜自身的风味不明显	0 ~ 9
形	开袋可见榨菜和肉末混合均匀，大小均匀	7 ~ 10
	开袋可见榨菜和肉末混合不均匀	4 ~ 6
	开袋可见榨菜和肉末混合不均匀，大小不均	0 ~ 3

六、思考题

（1）影响榨菜肉末产品品质的关键因素是什么？

（2）榨菜还可以再加工成什么产品？

实验二　龙眼系列产品的加工

项目一　龙眼干的加工

一、实验目的

熟悉果蔬干燥的主要方法，掌握龙眼干制作的工艺流程和操作要点。

二、基本原理

龙眼干是龙眼的主要加工产品，占龙眼整个加工品的 80%以上，对龙眼产业的发展具有重要作用。传统龙眼干的加工方法主要有日晒法和火焙法，也可采用低温真空干燥焙制龙眼干。真空干燥由于处于负压状态，隔绝空气，减少氧化反应，能更好地保持物料原有的特性，减少品质损失。

三、材料及器具

1. 材　料

龙眼。

2. 器　具

剪刀、真空干燥机、真空包装机等。

四、步骤与方法

1. 工艺流程（图 4-3）

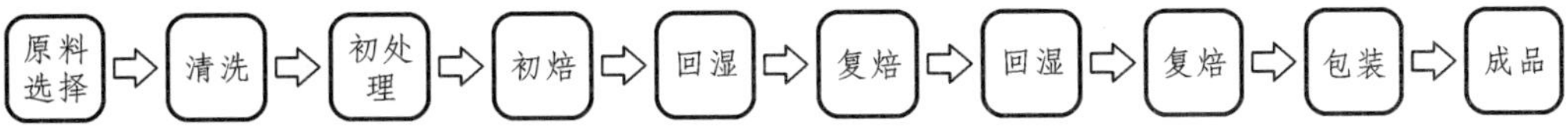

图 4-3　龙眼干的加工工艺流程

2. 操作步骤

（1）原料选择　选择果大、肉厚、糖分高的无病虫害的成熟龙眼果实，清洗泥土、灰尘等杂物。

（2）初处理　去除枝叶、剪出单果。

（3）初焙　采用 0.03 ~ 0.07 MPa 真空度，温度 80 ~ 95 °C，时间为 12 h。

（4）回湿　龙眼在烘干过程中，首先是果皮水分蒸发，然后果肉、果核的水分向果皮转移而被蒸发。而果肉及果核向果皮输送水分的速度缓慢；如果连续干燥，将造成果皮干硬，影响干燥效果。因此，通常在烘干一段时间后中断，让果肉、果核水分向果皮转移，使果皮软化，这一过程俗称回湿，回湿 4 ~ 6 h。

（5）复焙　复焙的温度为 60 ~ 70 °C，真空度 0.03 ~ 0.05 MPa，时间为 12 h，回湿 2 ~ 3 h 后再复焙，最后产品水分含量在 15% ~ 19%。

（6）包装　干燥完成后最好采用真空包装，这样能较好保持果肉颜色及产品风味，包装真空度为 0.08 MPa。

五、结果分析

（1）龙眼干的质量标准为：外壳完整，无破损，颗粒大小均匀，具有龙眼干固有的色泽，果肉呈金黄色至深棕色，组织紧密，无虫蛀，无霉变，具有龙眼干的固有香味和甜味，无异味。

（2）记录龙眼初始用量和干燥后龙眼干重量，计算干燥率。

项目二　龙眼果酒的加工

一、实验目的

了解果酒种类及加工原理。掌握龙眼果酒的加工工艺流程以及操作要点。

二、基本原理

龙眼果酒是以新鲜龙眼为原料，经过打浆取汁、调节糖度、酸度等工艺，采用酵母菌为菌种发酵，制备的一种具有低酒精度、特殊香味及丰富营养物质的酒品。龙眼果酒不仅风味独特，含有丰富的香气成分，为消费者提供优质的选择，龙眼果酒生产还能提高龙眼的附加值，完善龙眼产业结构，推进龙眼产业的发展。

三、材料、器具及试剂

1. 材　料

龙眼、干酵母、食用酒精、白砂糖。

2. 器　具

电子天平、榨汁机、糖度计、pH 计、保鲜膜等。

3. 试　剂

柠檬酸。

四、步骤与方法

（一）发酵型龙眼果酒

1. 工艺流程（图 4-4）

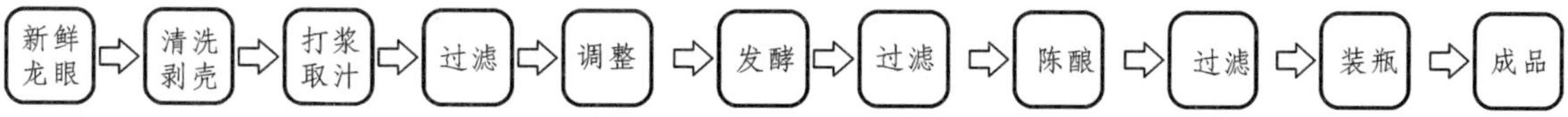

图 4-4　发酵型龙眼果酒的加工工艺流程

2. 操作要点

（1）清洗、剥壳　龙眼果实用自来水冲洗干净，手动或者机械剥壳去核。

（2）打浆过滤　用榨汁机将龙眼肉打碎取汁，并用 200 目滤网过滤果汁。

（3）调整糖度、pH　调整果汁糖度、pH，初始糖度 24%，pH 6.6 为宜。

（4）发酵　向果汁中接种 0.25 g/L 已活化（5 g 干酵母加入 100 mL 38 °C 龙眼果汁中，搅拌溶解，保温 20 min 后冷却至室温 25 °C）的高活性干酵母。发酵温度 23 °C，发酵时间为 7 d。

（5）过滤　发酵完成后（发酵液中糖度和酒精度基本保持不变），通过 500 目的滤网过滤得到龙眼果酒原酒。

（6）陈酿　将原酒转移到陈酿瓶进行陈酿（5 °C、30 d）。

（7）过滤　陈酿结束后用两层 500 目的滤网过滤、沉淀，得到发酵型龙眼果酒成品。

（二）浸泡型龙眼果酒

1. 工艺流程（图 4-5）

图 4-5　浸泡型龙眼果酒的加工工艺流程

2. 操作要点

将龙眼洗净、剥壳、去核后，把龙眼果肉加入酒精中进行浸泡，浸泡龙眼酒选用乙醇体积分数为 95%的食用酒精。将食用酒精用纯净水稀释至 35%左右，把龙眼和食用酒精（乙醇体积分数 35%）按照料液比 1∶5（龙眼为质量，单位 g；酒糟为体积，单位 mL）混合，放进干净的容器，用保鲜膜封紧盖上盖，把容器放入阴凉处避光（25 °C）密封保存 7 d，得到浸泡型龙眼果酒成品。

五、结果分析

设计感官评定表，由 5 ~ 10 名相关经验的老师和学生组成品酒小组，对龙眼果酒的香气、滋味、外观、典型性进行综合的感官评价，满分 100 分，取平均分作为最终评分结果。

六、思考题

（1）影响龙眼果酒品质的因素有哪些？

（2）龙眼还可以加工成哪些产品？

实验三　柑橘系列产品的加工

项目一　柑橘果汁的加工

一、实验目的

熟悉果汁的加工原理，掌握柑橘果汁的加工工艺流程以及操作要点。

二、基本原理

果汁以水果为原料经过物理方法如压榨、离心、萃取等得到的汁液产品。果汁中保留了水果中大部分营养成分，如维生素、矿物质、糖分和果胶等。

柑橘类水果包括柠檬、脐橙、甜橙等，是世界上最主要的亚热带水果之一。柑橘口感清甜，色泽诱人，气味芳香，深受全球消费者的喜爱。适宜加工成果汁的柑橘有锦橙、夏橙、脐橙、雪橙等品种。柑橘加工成果汁不仅可以解决大量柑橘滞销，腐烂浪费的问题，还可以提高附加值，满足市场需要。

三、材料、器具及试剂

1. 材　料

柑橘

2. 器　具

刀具、锅、电热炉、榨汁机、脱气机、均质机、胶体磨、水浴锅等。

3. 试　剂

白砂糖、蜂蜜、柠檬酸、0.1%高锰酸钾、β-环糊精、黄原胶、羧甲基纤维素钠。

四、步骤与方法

1. 工艺流程（图 4-6）

图 4-6　柑橘果汁的加工工艺流程

2. 操作步骤

（1）原料挑选　要求果实糖分含量高，香气浓，充分成熟，汁液丰富，无病害、霉烂果，并剔除机械损伤果、软果及其他不良果实。

（2）清洗　柑橘表面会附着泥沙、尘土以及残留农药、微生物等，在榨汁前应清洗干净。

果实先用流水进行初步清洗，然后放入含有 0.1%高锰酸钾溶液的水中浸泡 4 ~ 5 min，再用清水清洗干净，沥干备用。

（3）榨汁　柑橘类水果的外果皮、白色内果皮、中心维管束和果核等都能使果汁带有苦味。如果混入的量过多则使果汁带有异味，甚至在果汁存贮期间引起褐变、变质。所以榨汁前先将柑橘的内外果皮、果核等去除，再把果肉放入螺旋式榨汁机中榨汁，以减少果汁的苦味。

（4）过滤　榨出的果汁立即用 2 ~ 3 层纱布进行过滤，滤掉果汁内含有的过多果肉残渣、果皮与果核等杂质，以免这些苦味物质溶于果汁影响质量，保证果汁的外观和风味。

（5）调配　过滤好的果汁加入水、蜂蜜、白砂糖、柠檬酸、β-环糊精等辅料进行调配，添加黄原胶、羧甲基纤维素钠增加果汁的稳定性。参考配方：以 100 mL 成品计算，柑橘汁 20%、蜂蜜 4%、白砂糖 6%、柠檬酸 0.2%、β-环糊精 0.6%、黄原胶 0.1%、羧甲基纤维素钠 0.1%。

（6）均质　均质是柑橘果汁加工的重要工序，通过均质机使果胶和果肉均匀的分布在果汁中，防止沉淀。

（7）脱气　均质后的柑橘果汁经过真空脱气机去除饮料中的氧气，达到抑制果汁氧化和褐变的效果，尽可能延长果汁的贮存期。同时除去悬散微粒附着的气体，防止微粒上浮，改善产品外观。

（8）灭菌、灌装　柑橘果汁采用巴氏杀菌，在 20 ~ 25 s 内升温至 90 ~ 95 °C，保持 15 ~ 20 s，然后降温至 85 °C 左右，趁热灌装于已消毒的容器中，及时旋盖封口。

（9）冷却　装罐好的产品应迅速冷却至中心温度为 38 °C，如果是玻璃瓶应分段冷却。

五、结果分析

设计感官评定表，由 5 ~ 10 名感官评判员针对柑橘果汁的色泽、香气、滋味和外观形态进行品评，结果取平均值。

六、思考题

引起柑橘果汁味苦的主要原因是什么，如何控制？

项目二　全去囊衣糖水橘子罐头的加工

一、实验目的

理解水果类酸性食品的罐藏原理，掌握糖水橘子罐头加工工艺，了解影响糖水水果罐头质量的因素及其控制途径。

二、基本原理

糖水水果罐头的保藏原理是将水果原料经预处理后密封在容器中，通过杀菌工艺达到商业无菌的状态，在维持密闭和真空的条件下，得以在室温下长期保存的一种加工保藏方法。我国已成为世界橘子罐头的中心产地，橘子罐头的加工不仅能满足消费者需求，也是解决柑橘原料过剩的重要加工方式。

三、材料、器具及试剂

1. 材　料

柑橘、白砂糖等。

2. 器　具

不锈钢盘及锅、高压杀菌锅、电炉、阿贝折光仪、电子天平、剪刀、量筒、烧杯、玻璃棒、玻璃罐等。

3. 试　剂

柠檬酸、0.5%～0.8%盐酸、0.3%～0.5%氢氧化钠溶液。

四、步骤与方法

1. 工艺流程（图 4-7）

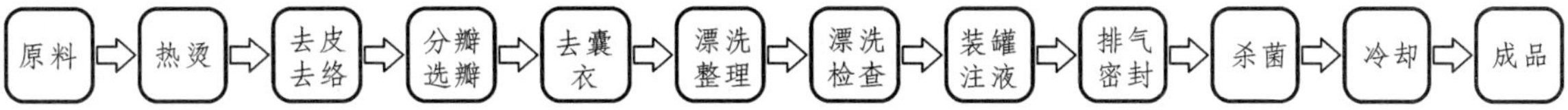

图 4-7　全去囊衣糖水橘子罐头的加工工艺流程

2. 操作步骤

（1）原料验收　称取柑橘原料 3 kg，要求果形扁圆，大小整齐，色泽均一，无畸形无虫斑，不腐烂；皮薄，易剥皮，去络和分瓣容易；果肉紧密，囊衣薄，少核或无核，糖酸比适宜，香味浓郁；耐贮藏，成熟度适宜。

（2）热烫　在 95～100 °C 水中浸烫 25～45 s。

（3）去皮、去络及分瓣、选瓣　趁热剥去橘皮、橘络，并按大、小瓣分放。

（4）去囊衣（酸碱处理法）　先将橘瓣浸入 0.5%～0.8%盐酸 30～40 min（25～35 °C），

取出，用清水洗 2 ~ 3 次，洗去酸液，滤干；橘片与酸液之比为 1∶13。处理时不停轻微搅动，再将酸处理后的橘瓣浸入 0.3% ~ 0.5%的氢氧化钠溶液中，在 25 ~ 35 °C 浸泡 8 ~ 12 min，使绝大部分囊衣溶去，迅速取出用清水洗 3 ~ 4 次，洗净碱液，以不太滑手为度。

（5）漂洗　将去囊衣的橘片用清水洗 1 ~ 2 h，其间每隔 15 ~ 20 min 换水一次。务必洗净残留碱液，以橘片不滑手为度。

（6）整理　用镊子逐瓣去除囊瓣中心部残留的囊衣、橘络和橘核等，用清水漂洗后再放在盘中进行透视检查。

（7）漂洗、检查　将去核后的橘瓣漂洗后分批检查，剔除断瓣、软烂和过薄的橘瓣。

（8）装罐、注液（热罐装密封法）　将空的玻璃罐与罐盖洗净，沸水杀菌 20 min，倒置沥干；将橘瓣按所占罐内容物总重量的 68%比例装罐，再加入 32%的糖液，若原料含酸量在 0.9%以上则不加柠檬酸，含酸量在 0.8%左右则加柠檬酸 0.1%（占糖水量），含酸量 0.7%则加 0.2%柠檬酸。糖液浓度 30%，将水煮沸后加白砂糖过滤，加热，温度不低于 95 °C，趁热装入罐内。装罐后需留 0.5 cm 的顶隙。

（9）排气、密封　放入温度为 80 ~ 85 °C 的排气箱内脱气。脱气时罐内中心温度要求不低于 75 °C，时间为 5 ~ 10 min，脱气结束，立即真空封口。

（10）杀菌、冷却　密封后的罐头应尽快杀菌。升温 10 min，100 °C 恒温 18 min，降温 10 min。先将锅内水加热至沸，放入密封的罐头。当水再次沸腾，开始计时，维持 18 min，然后开始冷却。杀菌后分段冷却，罐头温度降到 40 °C 后停止。

五、结果分析

参考橘子罐头感官评定表（表 4-2），分析制作出的产品的品级。

表 4-2　橘子罐头感官评价表

项目	优极品	一级品	合格品
色泽	囊胞呈现金黄色至橙黄色，汤汁清	囊胞呈现橙黄色至黄色，汤汁较清	囊胞呈黄色，汤汁清，允许有少量白色沉淀
滋味与气味	具有橘子囊胞罐头应有的良好风味，无异味	具有橘子囊胞罐头应有的风味，无异味	具有橘子囊胞罐头应有的风味，无异味
组织与形态	囊胞饱满，颗粒分明；橘核质量不超过固形物的 1%，破囊胞和瘪子质量不超过固形物的 10%	囊胞较饱满，颗粒较分明；橘核质量不超过固形物的 2%，破囊胞和瘪子质量不超过固形物的 20%	囊胞尚饱满，颗粒尚分明；橘核质量不超过固形物的 3%，破囊胞和瘪子质量不超过固形物的 30%

实验四　枇杷系列产品的加工

项目一　枇杷浓缩汁的加工

一、实验目的

熟悉浓缩果汁的加工原理，掌握枇杷浓缩汁的加工工艺流程以及操作要点。

二、基本原理

浓缩果汁是在水果榨成原汁后再采用低温真空浓缩的方法，蒸发掉一部分水分做成的。枇杷是我国南方名贵特产水果，枇杷果实营养丰富，富含糖、纤维素、果胶、维生素 C 和维生素 B_1，以及胡萝卜素、钾、铁、磷、钙等营养元素。枇杷加工成浓缩汁，不仅有利于运输、贮存，还可以全年供应，满足消费者需求。

三、材料、器具及试剂

1. 材　料

枇杷。

2. 器　具

煮锅、榨汁机、去核机等。

3. 试　剂

2%亚硫酸氢钠、0.5%柠檬酸。

四、步骤与方法

1. 工艺流程（图 4-8）

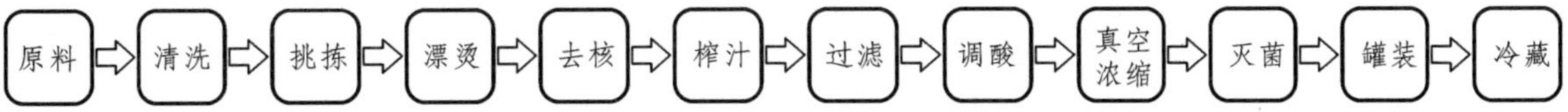

图 4-8　枇杷浓缩汁的加工工艺流程

2. 操作步骤

（1）原料选择　选用八至九成熟的枇杷为加工原料。

（2）清洗、拣选　将附着在枇杷表面残留的杂质清洗干净，剔除成熟度不够的青果、烂果以及带虫害的果实。

（3）漂烫　为了保证去核去皮容易，尽可能不带走果肉，保证高出汁率，枇杷果需要进行漂烫，软化枇杷果肉。枇杷果实含有一定量多酚氧化酶，遇到空气极易氧化，导致果实褐变。漂烫可以钝化部分氧化酶，减少褐变，同时还可以杀死枇杷果表面的部分微生物。枇杷漂烫的温度控制在 60 ~ 85 °C，时间 3 ~ 5 min。

（4）去核、去皮及护色　人工或机械去皮去核。采用机械去皮去核可用喷洒方式喷施护色剂，若采用手工去皮去核，可将果肉浸泡于护色剂中。

（5）冷却榨汁　护色后果肉清洗榨汁。

（6）调酸　根据枇杷果的酸度采用柠檬酸进行调酸，每一桶枇杷果汁的酸度波动在±0.2%范围内，以保持枇杷浓缩汁产品的稳定性。

（7）真空浓缩　考虑到枇杷果汁的强热敏性遇高温极易褐变，因此采用真空浓缩技术在较低温下进行浓缩，以减轻枇杷果汁褐变，保证枇杷浓缩汁产品的品质，温度 75 °C，真空度 0.08 MPa，浓缩枇杷汁至 39 ~ 40 °Bx。

（8）灭菌　浓缩后的枇杷浓缩汁应尽可能快地灭菌，可采用巴氏灭菌（85 °C，15 min）。

（9）贮存　将枇杷浓缩汁产品置于 0 ~ 5 °C 冷藏库中贮存。

五、结果分析

由 5 ~ 10 名老师或学生组成评审小组，对枇杷浓缩汁的色泽（20 分，要求橙红色、有光泽）、组织状态（30 分，要求浑浊、质地均匀、无颗粒或者絮状沉淀物）、滋味与气味（50 分，要求有枇杷果汁特有的香气，无异味、煮熟味）进行综合评分，取平均值进行统计分析。

项目二　枇杷果干的加工

一、实验目的

掌握枇杷果干的加工工艺流程以及操作要点。

二、基本原理

果干是通过自然晒干或使用专门的烘干机或脱水机去除大部分原始水分的产品。枇杷制成果干不仅可以很好地保持枇杷的原味，还可以延长枇杷的保质期，增加其利用率，增加果实经济效益。

三、材料、器具及试剂

1. 材　料

枇杷。

2. 器　具

干燥箱、电子天平、冰箱、真空包装机、不锈钢蒸锅等。

3. 试剂

0.5%柠檬酸。

四、步骤与方法

1. 工艺流程（图 4-9）

原料挑选 ⇨ 分级 ⇨ 清洗 ⇨ 去皮去核 ⇨ 护色 ⇨ 漂烫 ⇨ 干燥 ⇨ 回软 ⇨ 分级 ⇨ 包装 ⇨ 成品

图 4-9　枇杷果干的加工工艺流程

2. 操作要点

（1）原料挑选　挑选肉质鲜润，颜色鲜黄，无病虫害或机械损伤的新鲜枇杷。

（2）清洗　流动水清洗鲜果，去除杂质。

（3）去皮去核　手工快速去皮，将枇杷果纵剖成两半，去核、去内表皮。

（4）护色　将枇杷果浸泡在 0.5%柠檬酸护色液中 3 h，捞出洗净备用。

（5）漂烫　采用蒸汽烫漂 120 s 后平铺果肉于托盘上。

（6）干燥　60 °C 恒温干燥箱内干燥 8 h，期间可以翻动 1 ~ 2 次。

（7）回软　干燥完成后，将加工好的果干密封放在干燥器中均衡水分。

（8）保存、检验、成品　在 25 ~ 30 °C 下保存 5 ~ 7 d 后逐袋检查有无变质等现象，然后装箱入库。

（9）包装　用专用食品包装材料真空包装。

五、结果分析

通过感官评价，分析制作出的产品是否符合标准。枇杷果干感官品质应为：颜色为橘黄色，均匀一致，自然透亮；入口有弹性，有嚼劲，酸甜适口，具有枇杷鲜果的浓郁香味，无异味；质地柔软适中，细腻，无气泡，不粘手。

第五章　果蔬贮藏与加工综合实验

实验一　新鲜果蔬的感官鉴定

一、实验目的

（1）掌握新鲜果蔬感官鉴定的内容和方法。

（2）学会正确描述果蔬的感官性状。

二、基本原理

新鲜果蔬的感官鉴定就是指通过人体的感觉器官（即眼、耳、口、鼻、手等），对果蔬的质量做出综合评价。当果蔬的感官性状发生轻微异常变化时，人体的感觉器官也会产生相应的异常感觉。因此，通过视觉、嗅觉、触觉和味觉等感觉器官，可以直接评定新鲜果蔬外在和某些内含性状的优劣。比如果蔬的表观属性如色泽、大小、形状、组织状态等，质地属性如硬度、脆性、沙性、韧性、多汁性、纤维化程度等，风味属性如酸度、甜度、涩感、苦味、辣味、芳香味、异味等。

三、材料及器具

1. 材　料

苹果、香蕉、柑橘、黄瓜、番茄、白菜等新鲜时令果蔬。

2. 器　具

游标卡尺、直尺、铅笔、台秤、不锈钢果刀、果盘、硬度计等。

四、步骤与方法

1. 表观属性鉴定

观看果蔬表面颜色、形状、成熟度、洁净度、有无病虫害和机械损伤、有无农药残留等；再切开看内部组织致密程度、果肉状态、种子颜色等。

果蔬大小和形状测定：取果实 10 个，用游标卡尺测量果实的纵径和横径，分别求果形指数（纵径/横径），取平均值。也可以通过称重用平均单果质量表示果蔬大小。

2. 质地属性鉴定

口尝果蔬的软硬度、脆性、沙性、韧性、汁液量、纤维化程度等，或用手掂量估测果蔬的粗糙、细嫩、致密、松软程度等。也可以用硬度计测定果实硬度大小。

果肉（汁）含量的测定：取果实 10 个，除去果皮、果心、果核和种子，分别称各部分（或可食部分）的重量，以求其百分率。汁液多的果实，可将果汁榨出，称果汁重量，求该果实的出汁率。

3. 风味属性鉴定

用鼻子闻味，看果蔬样品是否带有本产品特有的芳香味，是否有异味；再口尝滋味（酸度、甜度、涩味程度、苦味程度、辣味程度等）是否正常。

五、结果分析

列表比较几种新鲜果蔬产品的感官质量，并按“优、良、一般、劣”四等级进行综合评定。

1. 新鲜果品感官鉴定表（表 5-1）

表 5-1　新鲜果品感官鉴定法

名称	色泽	形状	大小/mm		洁净度	机械损伤	病虫害	成熟度	果肉质地	果实风味	综合评定
			纵径	横径							

2. 新鲜蔬菜感官鉴定表（表 5-2）

表 5-2　新鲜蔬菜感官鉴定法

名称	色泽	形态	洁净度	新鲜度	腐烂率	病虫伤	肉质	风味	综合评定

六、思考题

果蔬的感官质量评定包括哪些方面的内容？

实验二　果蔬贮藏品质鉴定

一、实验目的

（1）掌握果蔬贮藏品质鉴定的内容和方法。

（2）学会正确评价果蔬的贮藏保鲜效果。

二、基本原理

果蔬贮藏品质的好坏，是判断果蔬贮藏保鲜效果的重要依据。借助感官和仪器对果蔬的外观、质地、风味、病虫害、腐烂、损耗等情况进行分析，可以大致了解果蔬贮藏前后的品质变化，对及时采取管理措施、延长贮藏寿命、提高保鲜效果具有重要意义。

三、材料及器具

1. 材　料

选择当地一种或几种贮藏场所、不同贮藏方式贮藏的果蔬产品 2 ~ 3 种，如苹果、柑橘、李子、龙眼、番茄、马铃薯、花椰菜、儿菜、甘蓝等。

2. 器　具

不锈钢果刀、游标卡尺、台秤、硬度计、手持式折光仪或数显糖度计等。

四、步骤与方法

（1）随机称取经过贮藏保鲜的果蔬产品（包括腐烂和病果）20 ~ 30 kg，平均分成 6 份，每组 1 份。

（2）借助感官和仪器，对每组产品分别进行颜色、硬度、可溶性固形物含量等指标鉴定，将鉴定结果填入鉴定表格内。注意果蔬种类不同，需鉴定的指标项目也不同，应根据具体情况而定。以下列举的是苹果、柑橘和花椰菜的贮藏品质鉴定表。

① 苹果贮藏品质鉴定表（表 5-3）

表 5-3　苹果贮藏品质鉴定法

品种	贮藏期			硬度 /kg · cm^{-2}		固形物含量/%		色泽			好果率/%	病虫害	腐烂率/%	失水率/%	风味	综合评定
	入贮期	鉴定期	贮藏天数/d	贮藏前	贮藏后	贮藏前	贮藏后	果皮	果肉	果心						

② 柑橘贮藏品质鉴定表（表 5-4）

表 5-4　柑橘贮藏品质鉴定表

品种	贮藏期			着色指数		固形物含量/%		果汁率/%	好果率/%	病虫害	腐烂率/%	失水率/%	风味	综合评定
	入贮期	鉴定期	贮藏天数/d	贮藏前	贮藏后	贮藏前	贮藏后							

$$着色指数=\frac{\sum(各级值\times数量)}{最大级值\times总量}$$

③ 花椰菜（或青花菜）贮藏品质鉴定表（表 5-5）

表 5-5　花椰菜（或青花菜）贮藏品质鉴定表

样品总质量/kg	贮藏期			各级样品质量/kg					保鲜指数	综合评定
	入贮期	鉴定期	贮藏天数/d	4级	3级	2级	1级	0级		

花椰菜的分级标准如下所示：

4 级：花球基本洁白或没有锈斑、霉点，叶嫩绿。

3 级：花球不脱水，锈斑、霉点占花球面积的 1/10 ~ 3/10，叶色绿。

2 级：花球散花很少，锈斑、霉点占花球面积的 3/10 ~ 1/2。

1 级：花球严重脱水、散花，叶霉烂或脱落，锈斑、霉点占花球面积的 1/2 以上，不能食用。

0 级：损耗。

花椰菜的保鲜指数（或后熟指数）与柑橘的着色指数计算方法相同。

五、结果分析

对鉴定表结果进行分析，综合评价不同贮藏方式、不同果蔬的保鲜效果。

六、注意事项

鉴定时，一定要对果蔬进行随机取样。

七、思考题

小组在鉴定过程中出现了什么问题？你认为该如何解决？

实验三　果蔬加工品的感官鉴定

一、实验目的

（1）了解果蔬加工品感官鉴定的主要内容。
（2）掌握主要果蔬加工品感官鉴定的方法及质量标准。
（3）学会正确评价果蔬加工品的质量，并进行准确描述。

二、基本原理

果蔬加工品质量的好坏与其商品价值高低密切相关，可通过感官鉴定和理化分析进行评定，其中通过品尝和观察的感官鉴定是评价果蔬加工品质量优劣的必要措施。果蔬加工品感官鉴定记载的方法主要有两种，一种是对加工品质量进行描述记载，另一种是按一定的标准评分记载。

三、材料及器具

1. 材　料

果脯、果酱、果酒、果蔬干、果蔬罐头、果蔬速冻品等果蔬加工品。

2. 器　具

小刀、牙签、汤匙、碟盘、纸杯、酒杯、手持式折光仪、天平、pH 计等。

四、步骤与方法

首先观察产品的外观和容器，再观察内容物的形态、色泽、黏稠度、透明度、杂质等，最后品尝产品的质地、芳香、风味等，将鉴定结果填入鉴定表格内。注意果蔬加工品的品类不同，需鉴定的指标项目也不同，应根据具体情况而定。

1. 果脯（蜜饯）的感官鉴定（表 5-6）

（1）色泽：黄色、金黄色、琥珀色、棕色、深棕色、酱黑色。
（2）透明度：鲜亮透明有光泽，半透明无光泽，不透明。
（3）饱满度：肥厚饱满，不饱满，皱缩有硬心。
（4）质地：柔软、酥脆、硬、软、烂。
（5）芳香：芳香味浓，有原果蔬香味，芳香味淡，无芳香。
（6）风味：酸甜适宜、太甜、太酸。
（7）返砂情况：无返砂，表面光滑；有返砂，砂糖细小均匀。
（8）杂质：不容许有杂质，成品上不容许有伤疤及腐烂部分。

表 5-6　果脯（蜜饯）的感官鉴定表

名称	色泽	透明度	饱满度	质地	芳香	风味	反砂情况	杂质	固形物含量/%	pH	总评

2. 果酱的感官鉴定（表 5-7）

（1）容器：是否有锈斑及漏气现象。

（2）色泽：鲜红、红、紫红、棕红、棕黑。

（3）芳香：有无原果实应有的芳香味。

（4）风味：酸甜适宜、太甜、太酸，有无焦糊或其他异味。

（5）杂质：是否有杂质、果蒂、果皮、果核、果块、其他异物等。

（6）黏稠度：呈半流体状、稠度适宜，太稠，太稀。

（7）固形物含量：68% ~ 75%。

（8）pH：4.5 ~ 5.5。

表 5-7　果酱的感官鉴定表

名称	容器	色泽	芳香	风味	杂质	黏稠度	固形物含量/%	pH	净重	总评

3. 果酒的感官鉴定（表 5-8）

（1）色泽：不同果酒颜色不同。红葡萄酒（深红色、琥珀色、红宝石色）；白葡萄酒（无色、微黄）；苹果酒（黄中带绿）；山楂酒（琥珀色、棕红色）；桃子酒（淡黄色）；柿子酒（金黄色）；橘子酒（橙黄色）；桑葚酒（暗红色、黑紫色）；梨酒（金黄色）。

（2）芳香：有无果香、酒香味、酸味，有无异味或其他不良味道。

（3）口味：酸味、甜味、苦味、涩味、SO_2的刺激味、酒的刺激味，有无异味。

（4）透明度：是否澄清、透明。

（5）沉淀：是否有沉淀或杂质。

（6）CO_2：是否有 CO_2气体。多数果酒不含 CO_2，汽酒含 CO_2。

（7）酒精度、固形物含量：用酒精计测定果酒的酒精度，用手持式折光仪测定固形物含量。

表 5-8　果酒的感官鉴定表

名称	色泽	芳香	口味	透明度	沉淀	CO_2	固形物含量/%	体积/mL	总评

4. 果干的感官鉴定（表 5-9）

（1）色泽：不同种类颜色不同。苹果干（从淡黄色到深黄色），猕猴桃干（黄绿色），芒果干（明黄色），杏干（淡黄色、深金黄色、黄红色），香蕉片（米黄色、淡黄色），桃干（浅黄色、深黄色、深棕色），李子干（黑紫色）等。

（2）芳香：有无原果实芳香味，有无二氧化硫气味及其他气味。

（3）质地：柔软、酥脆、坚硬。

（4）杂质：有无种子、活虫、霉烂及其他外来杂物等。要求无杂质。

（5）破碎比例：破碎果干占完整果干比例。一般要求无碎屑。

（6）片平整度：有无弯曲。一般不能有严重弯曲。

（7）霉斑：要求不能有霉斑。

（8）气味：具有原果实的滋味和气味，酸甜适宜。

（9）外观：整齐、大小均匀。粉状体要求颗粒均匀，不黏结。

表 5-9　果干的感官鉴定表

名称	色泽	芳香	质地	杂质	破碎比例	片平整度	霉斑	气味	外观	总评

5. 蔬菜干的感官鉴定（表 5-10）

（1）外观：整齐、大小均匀，蔬菜粉要求颗粒均匀，不黏结。

（2）色泽：具有原蔬菜颜色。

（3）气味：具有原蔬菜气味，无异味、无二氧化硫气味及其他气味。

（4）质地：柔软、脆、坚硬。

（5）碎屑：一般要求无碎屑。

（6）褐变：一般要求无褐变。

（7）透明度：有良好透明度。

（8）杂质：要求无外来杂质或不同蔬菜干混合。

表 5-10　蔬菜干的感官鉴定表

名称	外观	色泽	气味	质地	碎屑	褐变	透明度	杂质	总评

6. 果蔬汁的感官鉴定（表 5-11）

（1）色泽：是否具有果蔬原有的颜色。

（2）芳香：是否具有原果实和蔬菜的芳香味。

（3）口味：是否有其他异味，酸甜是否适宜。

（4）透明度：是否透明，有无混浊、有无悬浮果肉。

（5）沉淀：有无沉淀。

（6）固形物含量：一般在 12%～15%。浓缩果汁在 40%～60%。

表 5-11　果蔬汁的感官鉴定表

名称	色泽	芳香	口味	透明度	沉淀	固形物含量/%	体积/mL	总评

7. 果蔬罐头的感官鉴定（表 5-12）

（1）容器：有无锈斑及漏气现象。

（2）色泽：是否具有原果实或蔬菜的颜色，有无染色及变色现象。

（3）形状、汁液：果实或蔬菜主料的形状，是完整的还是切分的，切分大小（四半、两半）和形状，有无碎块及软烂的现象。汁液是否澄清。

（4）杂质：有无外来杂质。

（5）开罐浓度：糖水罐头开罐浓度在 14%～18%，清蒸蔬菜罐头盐浓度在 1%～2%。

（6）pH：糖水罐头 pH 在 3.8～4.2，蔬菜罐头 pH 在 4.5 以上。

（7）风味：具有原果实或蔬菜的风味，无异味，酸甜或酸辣适宜，蔬菜罐头不过咸。

表 5-12　果蔬罐头的感官鉴定表

名称	容器	色泽	形状、汁液	杂质	开罐浓度	pH	风味	净重	总评

8. 果蔬腌制品的感官鉴定（表 5-13）

（1）色泽：皮色（淡黄色、黄棕色、黄绿色、绿色、翠绿色）；肉色（绿色、黄绿色、黄色、酱黄色、棕黄色、酱黑色）；汁液的颜色。

（2）质地：软烂、柔软、脆。

（3）杂质：是否存在杂质，是否存在杂菌生长。

（4）形状：是完整的还是切分的，切分大小和形状，是否均匀。

（5）食盐含量：加工品种类不同，盐含量不同，一般在 3%～15%。

（6）风味：咸淡适宜、太咸、太淡，酸度适宜、太酸、无酸味，甜度适宜、太甜、无甜味；是否有鲜味和芳香味，是否有不良味道。

（7）pH：泡菜 pH 一般在 3～4.4。

表 5-13　果蔬腌制品的感官鉴定表

名称	色泽	质地	杂质	形状	食盐含量/%	风味	pH	总评

五、结果分析

对鉴定表结果进行分析，对评定的果蔬加工品质量进行综合评价。

六、注意事项

（1）鉴定过程中，首先是对味道较淡的产品进行评定，然后再对味道较重的产品进行评定。并注意每次在尝过一次样品后，需用清水漱口，稍作歇息，确保不受前一次样品的影响。

（2）对各种果蔬加工品，评定前需掌握其相对应的质量标准，评比时逐一按照次序进行。

实验四　果蔬贮藏质量检查

一、实验目的

（1）了解果蔬贮藏质量检查的内容和方法。
（2）能够通过检查结果，分析出果蔬贮藏过程中存在的问题，并提出有效解决办法。

二、材料及器具

1. 材　料

贮藏库中贮藏的苹果、香蕉、梨等果蔬产品。

2. 器　具

笔记本、笔、台秤、硬度计、手持式折光仪、温湿度计等。

三、检查内容

（1）自然损耗：称重入库时每件产品的重量，以及检查时每件产品的重量，计算损耗率。

（2）腐烂率：检查好果数、烂果数，计算腐烂率。

（3）生理性病害：观察分析病害的种类，并做好记录，调查发病率。

（4）果实硬度：取 5～10 个果实，用硬度计测定果实的硬度，取平均值。

（5）可溶性固形物含量：取 5～10 个果实，用手持式折光仪测定可溶性固形物含量，取平均值。

（6）贮藏库的基本情况：包括贮藏方式、贮藏地点、贮藏量、贮藏温度、贮藏湿度、贮藏的果蔬种类等。

（7）其他：根据贮藏产品本身的特性，确定检查项目，在教师的指导下进行。

四、检查方法

（1）感官检查：对贮藏库的基本情况、自然损耗、腐烂率、生理性病害等进行感官检查和记录。

（2）理化检测：对于果蔬硬度和可溶性固形物含量进行物理检测，对于维生素 C、有机酸以及产品特性所决定的有害金属、农药残留等指标的检测，需要使用仪器设备或化学试剂进行检测。

五、结果分析

将检查结果记录在表 5-14 中，并对果蔬贮藏质量进行综合评价。

表 5-14　果蔬贮藏质量检查表

果蔬种类	贮藏期/d	贮藏方式	贮藏温度/°C	相对湿度/%	库容量/t	腐烂率/%	损耗率/%	病害		硬度/kg · cm^{-2}	可溶性固形物含量/%
								种类	发病率/%		

六、思考题

哪些因素会影响果蔬的贮藏质量？

实验五　当地果蔬贮藏场所的参观调查

一、实验目的

（1）通过参观调查，掌握果蔬贮藏场所调查的方法和内容。

（2）了解当地果蔬主要贮藏场所的种类、数量、结构、贮藏量、管理技术和贮藏效益等基本情况。

（3）通过参观调查，能够发现当地果蔬贮藏管理中存在的问题，并提出解决方案和措施。

二、器具

笔记本、笔、尺子、计算器、温度计等。

三、调查内容

1. 总体情况调查

（1）地区总体情况调查：包括耕地面积、果蔬种植面积、产量、年贮藏能力等。

（2）贮藏场所总体情况调查：包括贮藏库数量、类型、比例、贮藏量、贮藏期等。

2. 贮藏库的布局与结构调查

（1）贮藏库的排列与库间距离，工作间与走廊的布置及其面积，库房容积。

（2）通风系统（门、窗、进气孔、出气孔）的结构、排列、数量、面积、位置等。

3. 隔热结构调查

隔热材料（库顶、地面、四周墙）的厚度，防潮隔热层的处理（材料、处理方法和部位）。

4. 主要设备调查

（1）制冷系统：冷冻机的型号规格、制冷剂、制冷量、制冷方式（风机和排管）、制冷次数和每次时间，冲霜方式、次数。

（2）气调系统：库房气密材料、方式、密封门的处理、降氧机型号、性能、工作原理，氧、二氧化碳和乙烯气体的调整和处理。

（3）温湿度控制系统：仪表的型号和性能及其自动化程度。

（4）其他设备：照明、加湿及其覆盖、防火用具等。

5. 贮藏技术措施调查

（1）对原料的要求：种类、品种、产地、质量要求（收获时期、成熟度、等级）、产品的包装用具和包装方法。

（2）管理措施：库房的清洁与消毒；入库前的处理（预冷、挑选、分级、防腐等）；入库后的堆码方式（方向、高度、距离、形式、堆的大小、衬垫物等）；贮藏数量占库容积的百分比；如何控制温度、湿度、气体成分，检查制度，管理制度以及特殊的经验；出库的时间和方法。

6. 贮藏效果调查

调查贮藏库贮藏的果蔬种类及贮藏效果。

7. 经济效益调查

贮藏量、进价、贮藏时期、销售价、毛利、纯利。

四、调查记录

（1）根据调查内容，填写调查表格。

① 总体情况调查表（表 5-15）

表 5-15　当地果蔬贮藏场所总体情况调查表

调查地点	地区总体情况				贮藏场所总体情况			
	耕地面积	果蔬种植面积	产量	年贮藏量	数量	类型	贮藏量	贮藏期

② 贮藏库基本情况调查表（表 5-16）

表 5-16　当地果蔬贮藏场所贮藏库基本情况调查表

贮藏库总容积	单个库房容积	通风系统	隔热结构	制冷系统	气调系统	温湿度控制系统	辅助设施	其他设备

③ 原料调查表（表 5-17）

表 5-17　当地果蔬贮藏场所原料调查表

果蔬种类	产地	采收时期	成熟度	等级	包装工具	包装方法

④ 贮藏前处理调查表（表 5-18）

表 5-18　当地果蔬贮藏场所贮藏前处理调查表

果蔬种类	预冷		药剂处理		其他处理
	预冷温度	预冷时间	种类	处理时间	

⑤ 贮藏管理措施调查表（表 5-19）

表 5-19　当地果蔬贮藏场所贮藏管理措施调查表

贮藏方式	库房消毒	入库后的堆码方式	贮藏量	贮藏条件（温湿度、气体成分、比例）	出库方法	保管经验

⑥ 贮藏效果调查表（表 5-20）

表 5-20 当地果蔬贮藏场所贮藏效果调查表

果蔬种类	贮藏期			损耗		贮藏中存在的其他问题
	入库期	出库期	最长贮藏期	病虫害	腐烂	

⑦ 经济效益调查表（表 5-21）

表 5-21 当地果蔬贮藏场所经济效益调查表

贮藏量	进价	贮藏期	销售价	贮藏成本	毛利	纯利

（2）绘出所参观的贮藏场所的布局简图。

五、结果分析

（1）根据调查记录，分析和总结所参观的贮藏场所的优势和不足，并提出改进措施。

（2）总结调查的收获和体会，提出合理的建议和解决方法。

实验六　当地果蔬加工厂的参观调查

一、实验目的

（1）通过参观调查，了解当地果蔬加工厂的生产条件、设施设备、生产规模等情况。
（2）了解果蔬加工厂生产的产品种类、生产流程及操作要点。
（3）了解果蔬加工厂原料供应情况、保藏方法，成品包装材料种类和规格。

二、器具

笔、记录本、资料、调查表格等。

三、调查内容

1. 企业概况

包括企业性质、交通位置、占地面积、职工人数、生产车间数、车间工人数、产品种类、生产量、销路、产值等。

2. 参观企业全貌

参观企业全貌，了解厂区总体布局、功能区划分和环境卫生状况等。

3. 参观企业主要生产线

按照加工工艺流程的顺序参观各个生产工序，了解加工原料来源和保藏方法，学习各种加工品的工艺流程和操作要点、主要加工设备的性能和技术参数设置。

4. 与企业管理人员交流

与企业管理人员交流，了解加工过程中存在哪些问题，加工设备和加工技术在哪些方面还有待改进和提升，并学习相关生产经验和管理经验。

四、调查记录

根据调查内容，填写调查表格。
（1）加工原料调查表（表 5-22）

表 5-22　当地果蔬加工厂加工原料调查表

加工品	原料	原料来源	供应状况	保鲜方法	半成品保鲜方法

（2）加工设备调查表（表 5-23）

表 5-23　当地果蔬加工厂加工设备调查表

设备名称	型号	用途	生产厂家	效能

（3）成本核算调查表（表 5-24）

表 5-24 当地果蔬加工厂成本核算调查表

加工品类	原料/元·t^{-1}	人工费/元·t^{-1}	水电费/元·t^{-1}	加工品成本/元·t^{-1}	成品/原料/kg·t^{-1}	加工成品售价/元·t^{-1}	利润/元·t^{-1}

（4）存在问题汇总表（表 5-25）

表 5-25 当地果蔬加工厂存在问题汇总表

目前存在的问题	造成问题的原因	解决问题的途径

五、结果分析

（1）根据调查记录，分析和总结所参观的果蔬加工厂的优势和不足。
（2）总结调查的收获和体会，提出合理的建议和解决方法。

六、注意事项

（1）果蔬加工季节性强，注意选择合适的时间进行调查。
（2）选择的果蔬加工厂应典型且具有一定规模。
（3）条件允许的情况下，可多调查几个加工厂，以便于比较。
（4）未经允许不可擅自操作加工机械设备，以免造成意外。

主要参考文献

[1] 曹建康，姜微波，赵玉梅. 果蔬采后生理生化实验指导[M]. 北京：中国轻工业出版社，2007.
[2] 高俊凤. 植物生理学实验指导[M]. 北京: 高等教育出版社，2006.
[3] 昊锦铸. 速冻豌豆的生产工艺[J]. 云南农业，2005（09）：18.
[4] 黄绵佳. 热带园艺产品采后实验原理与技术[M]. 北京: 中国林业出版社，2012.
[5] 李合生. 植物生理生化实验原理和技术[M]. 北京: 高等教育出版社，2000.
[6] 李君兰，康慧. 园艺产品贮藏加工学综合实验指导[M]. 兰州: 甘肃文化出版社，2014.
[7] 林剑阳. 枇杷浓缩汁加工工艺的优化[J]. 莆田学院学报，2015，22（02）：53-56.
[8] 刘丽娟，王萍，郝丽珍，等. 南瓜果实贮藏期果胶含量的变化研究[J]. 内蒙古农业大学学报（自然科学版），2007，28（3）：231-234.
[9] 马俪珍，刘金福. 食品工艺学实验[M]. 北京: 化学工业出版社，2011.
[10] 王鸿飞，邵兴锋. 果品蔬菜贮藏与加工实验指导[M]. 北京：科学出版社，2012.
[11] 汪隽波. 制作糖水橘子罐头新工艺[J]. 农产品加工（学刊），2014（11）：38-39.
[12] 赵晨霞，祝战斌. 果蔬贮藏加工实验实训教程[M]. 北京：科学出版社，2006.
[13] 王双飞. 食品加工与贮藏实验[M]. 北京: 中国轻工业出版社，2009.
[14] 赵晨霞. 果蔬贮藏加工实验实训教程[M]. 北京: 科学出版社，2010.
[15] 郑俏然，李朝盛，佟金. 方便榨菜肉末关键工艺参数的研究[J]. 食品科技，2011，36（09）：100-105.
[16] 张志良，瞿伟菁，李小方. 植物生理学实验指导[M]. 北京: 高等教育出版社，2009.
[17] 中华人民共和国国家卫生和计划生育委员会，国家食品药品监督管理总局. 食品中果糖、葡萄糖、蔗糖、麦芽糖、乳糖的测定: GB 5009.8—2016[S]. 北京：中国标准出版社，2016.
[18] 周会玲. 园艺产品采后处理实验实习指导[M]. 杨凌: 西北农林科技大学出版社，2017.

附 录

附录 A 折光仪测定可溶性固形物温度校正

表 A1 折光仪测定可溶性固形物温度校正

温度/°C	可溶性固形物读数/%										
	0	5	10	15	20	25	30	40	50	60	70
应减去的校正值											
15	0.27	0.29	0.31	0.33	0.34	0.34	0.35	0.37	0.38	0.39	0.40
16	0.22	0.24	0.26	0.26	0.27	0.28	0.28	0.30	0.30	0.31	0.32
17	0.17	0.18	0.19	0.20	0.21	0.21	0.21	0.22	0.22	0.23	0.24
18	0.12	0.13	0.13	0.14	0.14	0.14	0.14	0.15	0.15	0.16	0.16
19	0.06	0.06	0.06	0.07	0.07	0.07	0.07	0.08	0.08	0.08	0.08
应加上的校正值											
21	0.06	0.07	0.07	0.07	0.07	0.08	0.08	0.08	0.08	0.08	0.08
22	0.13	0.13	0.14	0.14	0.15	0.15	0.15	0.15	0.16	0.16	0.16
23	0.19	0.20	0.21	0.22	0.22	0.23	0.23	0.23	0.24	0.24	0.24
24	0.26	0.27	0.28	0.30	0.30	0.30	0.30	0.31	0.31	0.32	0.32
25	0.33	0.35	0.36	0.38	0.38	0.38	0.38	0.40	0.40	0.40	0.40

附录 B　常用缓冲溶液的配制

1. 甘氨酸-盐酸缓冲溶液

贮备液 A：0.2 mol/L 甘氨酸溶液（15.01 g 配成 1000 mL）。

贮备液 B：0.2 mol/L 盐酸（浓盐酸 17.1 mL 稀释至 1000 mL）。

甘氨酸相对分子质量：75.07。

表 B1　甘氨酸-盐酸缓冲溶液的配制

50 mL 贮备液 A+*X* mL 贮备液 B，加水稀释至 200 mL。

pH	A	*X*	pH	A	*X*
2.0	50	44.0	3.0	50	11.4
2.4	50	32.4	3.2	50	8.2
2.6	50	24.2	3.4	50	6.4
2.8	50	16.8	3.6	50	5.0

2. 柠檬酸缓冲溶液

贮备液 A：0.1 mol/L 柠檬酸（$C_6H_8O_7$ 19.21 g 配制成 1000 mL）。

贮备液 B：0.1 mol/L 柠檬酸钠（$C_6H_5O_7Na_3 \cdot 2H_2O$ 29.41 g 配制成 1000 mL）。

柠檬酸相对分子质量：192.12。柠檬酸钠相对分子质量：294.10。

表 B2　柠檬酸缓冲溶液的配制

X mL 贮备液 A+*Y* mL 贮备液 B，加水稀释至 100 mL。

pH	*X*	*Y*	pH	*X*	*Y*
3.0	46.5	3.5	4.8	23.0	27.0
3.2	43.7	6.3	5.0	20.5	29.5
3.4	40.0	10.0	5.2	18.0	32.0
3.6	37.0	13.0	5.4	16.0	34.0
3.8	35.0	15.0	5.6	13.7	36.3
4.0	33.0	17.0	5.8	11.8	38.2
4.2	31.5	18.5	6.0	9.5	40.5
4.4	28.0	22.0	6.2	7.2	42.8
4.6	25.5	24.5			

3. 柠檬酸-磷酸缓冲溶液

贮备液 A：0.1 mol/L 柠檬酸（$C_6H_8O_7$ 19.21 g 配制成 1000 mL)。

贮备液 B：0.2 mol/L 磷酸氢二钠（$Na_2HPO_4 \cdot 7H_2O$ 53. 65 g 或 $Na_2HPO_4 \cdot 12H_2O$ 71.7 g 配成 1000 mL）。

柠檬酸相对分子质量：192.12。$Na_2HPO_4 \cdot 7H_2O$ 相对分子质量：268.25。$Na_2HPO_4 \cdot 12H_2O$

相对分子质量：358。

表 B3　柠檬酸-磷酸缓冲溶液的配制

X mL 贮备液 A+*Y* mL 贮备液 B，加水稀释至 100 mL。

pH	*X*	*Y*	pH	*X*	*Y*
2.6	44.6	5.4	5.0	24.3	25.7
2.8	42.2	7.8	5.2	23.3	26.7
3.0	39.8	10.2	5.4	22.2	27.8
3.2	37.7	12.3	5.6	21.0	29.0
3.4	35.9	14.1	5.8	19.7	30.3
3.6	33.9	16.1	6.0	17.9	32.1
3.8	32.3	17.7	6.2	16.9	33.1
4.0	30.7	19.3	6.4	15.4	34.6
4.2	29.4	20.6	6.6	13.6	36.4
4.4	27.8	22.2	6.8	9.1	40.9
4.6	26.7	23.3	7.0	6.5	43.5
4.8	25.2	24.8			

4. 醋酸缓冲溶液

贮备液 A：0.2 mol/L 冰醋酸（冰醋酸 11.55 mL 稀释至 1000 mL)。

贮备液 B：0.2 mol/L 醋酸钠（$C_2H_3O_2Na$ 16.4 g 或 $C_2H_3O_2Na \cdot 3H_2O$ 27.2 g 配成 1000 mL)。

醋酸钠相对分子质量：82.03。

表 B4　醋酸缓冲溶液的配制

X mL 贮备液 A+*Y* mL 贮备液 B，加水稀释至 100 mL。

pH	*X*	*Y*	pH	*X*	*Y*
3.6	46.5	3.7	4.8	20.0	30.0
3.8	44.0	6.0	5.0	14.8	35.2
4.0	41.0	9.0	5.2	10.5	39.5
4.2	36.8	13.2	5.4	8.8	41.2
4.4	30.5	19.5	5.6	4.8	45.2
4.6	25.5	24.5			

5. 磷酸缓冲溶液

贮备液 A：0.2 mol/L 磷酸二氢钠（$NaH_2PO_4 \cdot H_2O$ 27.6 g 配制成 1000 mL）。

贮备液 B：0.2 mol/L 磷酸氢二钠（$Na_2HPO_4 \cdot 7H_2O$ 53.65 g 或 $Na_2HPO_4 \cdot 12H_2O$ 71.7g 配成 1000 mL）。

$NaH_2PO_4 \cdot H_2O$ 相对分子质量：137.99。$Na_2HPO_4 \cdot 7H_2O$ 相对分子质量：268.25。

表 B5 磷酸缓冲溶液的配制

X mL 贮备液 A+Y mL 贮备液 B，加水稀释至 200 mL。

pH	X	Y	pH	X	Y
5.7	93.5	6.5	6.9	45.0	55.0
5.8	92.0	8.0	7.0	39.0	61.0
5.9	92.0	10.0	7.1	33.0	67.0
6.0	87.7	12.3	7.2	28.0	72.0
6.1	85.0	15.0	7.3	23.0	77.0
6.2	81.5	18.5	7.4	19.0	81.0
6.3	77.5	22.5	7.5	16.0	84.0
6.4	73.5	26.5	7.6	13.0	87.0
6.5	68.5	31.5	7.7	10.5	89.5
6.6	62.5	37.5	7.8	8.5	91.5
6.7	56.5	43.5	7.9	7.0	93.0
6.8	51.0	49.0	8.0	5.3	94.7

6. Tris-盐酸缓冲溶液

贮备液 A：0.2 mol/L 三羟甲基氨基甲烷（$C_4H_{11}NO_3$ 24.2 g 配制成 1000 mL）。Tris 溶液可从空气中吸收 CO_2，使用时注意密封好。

贮备液 B：0.2 mol/L 盐酸（浓盐酸 17.1 mL 稀释至 1000 mL）。

Tris 相对分子质量：121.14。HCl 相对分子质量：36.55。

表 B6 Tris-盐酸缓冲溶液的配制

50 mL 贮备液 A+X mL 贮备液 B，加水稀释至 200 mL。

pH	A	X	pH	A	X
7.2	50	44.2	8.2	50	21.9
7.4	50	41.4	8.4	50	16.5
7.6	50	38.4	8.6	50	12.2
7.8	50	32.5	8.8	50	8.1
8.0	50	26.8	9.0	50	5.0

7. 硼酸-硼砂缓冲溶液

贮备液 A：0.2 mol/L 硼酸（H_3BO_3 12.4 g 配制成 1000 mL）。

贮备液 B：0.05 mol/L 硼砂（$Na_2BO_7 \cdot 10H_2O$ 19.05 g 配成 1000 mL）

硼酸相对分子质量：61.83。$Na_2BO_7 \cdot 10H_2O$ 相对分子质量：381.37。

表 B7 硼酸-硼砂缓冲溶液的配制

50 mL 贮备液 A+X mL 贮备液 B，加水稀释至 200 mL。

pH	A	X	pH	A	X
7.6	50	2.0	8.7	50	22.5
7.8	50	3.1	8.8	50	30.0
8.0	50	4.9	8.9	50	42.5
8.2	50	7.3	9.0	50	59.0
8.4	50	11.5	9.1	50	83.0
8.6	50	17.5	9.2	50	115.0

8. 硼砂-氢氧化钠缓冲溶液

贮备液 A：0.05 mol/L 硼砂（$Na_2BO_7 \cdot 10H_2O$ 19.05 g 配成 1000 mL）。

贮备液 B：0.2 mol/L 氢氧化钠（NaOH 8.0 g 配成 1000 mL）。

$Na_2BO_7 \cdot 10H_2O$ 相对分子质量：381.37。

表 B8 硼砂-氢氧化钠缓冲溶液的配制

50 mL 贮备液 A+X mL 贮备液 B，加水稀释至 200 mL。

pH	A	X	pH	A	X
9.28	50	0.0	9.7	50	29.0
9.35	50	7.0	9.8	50	34.0
9.4	50	11.0	9.9	50	38.6
9.5	50	17.6	10.0	50	43.0
9.6	50	23.0	10.1	50	46.0